AI開発力を鍛える！

機械学習と最適化による
問題解決講座

沓掛 健太朗 著

本書内容に関するお問い合わせについて

このたびは翔泳社の書籍をお買い上げいただき、誠にありがとうございます。弊社では、読者の皆様からのお問い合わせに適切に対応させていただくため、以下のガイドラインへのご協力をお願いしております。下記項目をお読みいただき、手順に従ってお問い合わせください。

お問い合わせされる前に

弊社Webサイトの「正誤表」をご参照ください。これまでに判明した正誤や追加情報を掲載しています。

正誤表　https://www.shoeisha.co.jp/book/errata/

お問い合わせ方法

弊社Webサイトの「書籍に関するお問い合わせ」をご利用ください。

書籍に関するお問い合わせ　https://www.shoeisha.co.jp/book/qa/

インターネットをご利用でない場合は、FAXまたは郵便にて、下記"(株)翔泳社 愛読者サービスセンター"までお問い合わせください。電話でのお問い合わせは、お受けしておりません。

回答について

回答は、お問い合わせいただいた手段によってご返事申し上げます。お問い合わせの内容によっては、回答に数日ないしはそれ以上の期間を要する場合があります。

ご質問に際してのご注意

本書の対象を超えるもの、記述箇所を特定されないもの、また読者固有の環境に起因するご質問等にはお答えできませんので、予めご了承ください。

郵便物送付先およびFAX番号

送付先住所　〒160-0006　東京都新宿区舟町5
FAX番号　　03-5362-3818
宛先　　　　㈱翔泳社 愛読者サービスセンター

※本書に記載されたURL等は予告なく変更される場合があります。
※本書の出版にあたっては正確な記述につとめていますが、著者および株式会社翔泳社のいずれも、本書の内容に対してなんらかの保証をするものではなく、内容やサンプルに基づくいかなる運用結果に関してもいっさいの責任を負いません。
※本書に掲載されているサンプルプログラムやスクリプト、および実行結果を記した画面イメージなどは、特定の設定に基づいた環境にて再現される一例です。
※本書に記載されている会社名、製品名はそれぞれ各社の商標および登録商標です。

まえがき

　理論物理学者のホーキング博士が、一般向けに宇宙物理学を解説した名著『ホーキング、宇宙を語る』（早川書房、1995）では、数式を1つしか使わずに、難解な宇宙物理学をわかりやすく、かつ、その面白さが伝わるように書かれています。同書の中で博士は、数式を用いなかった理由として、「数式を1つ入れるたびに、売れ行きは半減する」と述べられており、実際に、有名な$E=mc^2$以外の数式は出てきません。本書も、ホーキング博士のご威光にあやかり、機械学習と最適化をわかりやすく理解でき、かつ、面白さも伝わり、そしてここが重要ですが、売れ行きもよくなるように、可能な限り数式を用いないことを心がけました。そのため、機械学習と最適化という数学が非常に重要な分野の本でありながら、数式があまり出てこない本となっています。数式で書かれた方が理解しやすい読者には、かえって内容が頭に入ってこない本となってしまったかもしれません。しかし数式を用いない分、問題の概念を表す図を多く用いて説明し、なるべく問題の本質をとらえられるように工夫をしたつもりです。

　本書は、著者が機械学習・最適化を実際の研究開発現場に応用するうえで直面した様々な課題に対して、どのように考え、どのように工夫し、解決したかをまとめた本です。物理学に対して応用物理学があるように、情報科学に対しても応用情報学があり、本書は応用情報学の教科書となることを目指したつもりです。著者の力不足のため、学術的に体系的にまとまっているとは言いにくい構成・内容ですが、それでも機械学習・最適化応用の大枠をとらえることには役に立つと思います。特に、異分野の専門知識があり、これから自身の研究開発に機械学習と最適化を取り入れようという読者には、お勧めします。本書は、その内容からどうしても、「～に注意が必要」「～をしてはならない」といった記述が多くなっています。本書を読むと、あれも気を付けないといけない、これも考える必要がある、と、機械学習・最適化を取り入れることに委縮してしまうかもしれません。しかし、機械学習と最適化の応用では、「習うより慣れろ」がとても重要です。ぜひ、失敗を恐れずにトライ＆エラーで理解を深めてください。

2025年3月吉日

沓掛健太朗

付属データと会員特典データについて

付属データのご案内

付属データは、以下のサイトからダウンロードして入手いただけます。

● 付属データのダウンロードサイト

URL　https://www.shoeisha.co.jp/book/download/9784798185651

注意

付属データに関する権利は著者および株式会社翔泳社が所有しています。許可なく配布したり、Webサイトに転載することはできません。付属データの提供は予告なく終了することがあります。あらかじめご了承ください。図書館利用者の方もダウンロード可能です。

会員特典データのご案内

会員特典データは、以下のサイトからダウンロードして入手いただけます。

● 会員特典データのダウンロードサイト

URL　https://www.shoeisha.co.jp/book/present/9784798185651

注意

会員特典データのダウンロードには、SHOEISHA iD（翔泳社が運営する無料の会員制度）への会員登録が必要です。詳しくは、Webサイトをご覧ください。会員特典データに関する権利は著者および株式会社翔泳社が所有しています。許可なく配布したり、Webサイトに転載することはできません。会員特典データの提供は予告なく終了することがあります。あらかじめご了承ください。図書館利用者の方もダウンロード可能です。

免責事項

付属データおよび会員特典データの記載内容は、2025年3月現在の法令等に基づいています。付属データおよび会員特典データに記載されたURL等は予告なく変更される場合があります。付属データおよび会員特典データの提供にあたっては正確な記述につとめましたが、著者や出版社などのいずれも、その内容に対してなんらかの保証をするものではなく、内容やサンプルに基づくいかなる運用結果に関してもいっさいの責任を負いません。付属データおよび会員特典データに記載されている会社名、製品名はそれぞれ各社の商標および登録商標です。

著作権等について

会員特典データの著作権は、著者および株式会社翔泳社が所有しています。個人で使用する以外に利用することはできません。許可なくネットワークを通じて配布を行うこともできません。個人的に使用する場合は、ソースコードの改変や流用は自由です。商用利用に関しては、株式会社翔泳社へご一報ください。

2025年3月
株式会社翔泳社　編集部

目次

まえがき 003
付属データと会員特典データについて 004

第 0 章　イントロダクション　009

0.1　イントロダクション 010

0.1.1　AIによるパラダイムシフトと本書の対象者 010
0.1.2　AI（人工知能）とは？ 011
0.1.3　AI時代に必要とされる人材像 014
0.1.4　本書で学べること、学べないこと 016

Column　日本人はAIを信用してはいないが、嫌いではない！？ ... 019

第 1 章　そもそもの問題設定で起こる問題と解決へのアプローチ　021

1.1　何に気を付けて関数を設定すればよいか？ 022

1.1.1　関数とパラメータのおさらい 022
1.1.2　因果関係と相関関係は何が違うのか？ 024
1.1.3　パラメータが制御できるかできないかで何が変わるのか？ ... 027

1.2　機械学習と最適化の問題に落とし込むには？ 032

1.2.1　機械学習と最適化の違いとは？ 032
1.2.2　そもそもなぜ機械学習をするのか？ 034
1.2.3　そもそもなぜ最適化をするのか？ 038

Column　なぜ最小化なのか？ 041

1.3　機械学習と最適化アルゴリズムを組み合わせるとどのようなよいことがあるのか？ ... 042

1.3.1　サロゲート最適化とは？ 042
1.3.2　機械学習手法と最適化アルゴリズムが異なると結果にどのような違いが表れるか？ ... 044

005

第 2 章 機械学習の開発現場で起こる問題と解決へのアプローチ 047

2.1 機械学習手法は何を使えばよいか？：目的の観点から ⋯⋯ 048

2.1.1 パラメトリックモデルとノンパラメトリックモデルの
どちらを使えばよいか？ ⋯⋯ 048

★Important 関数の入力パラメータと学習パラメータ ⋯⋯ 054

★Important 結局、機械学習では何をやっているのか？
機械学習も一種の最適化？ ⋯⋯ 055

★Important 機械学習と統計解析の違いとは？ ⋯⋯ 056

2.1.2 目的の観点からは、機械学習手法は何を使えばよいか？ ⋯⋯ 057

✐Column 回帰以外の機械学習：
クラス分類、教師なし学習、強化学習 ⋯⋯ 060

2.2 どのくらいデータは必要なのか？ ⋯⋯ 063

2.2.1 対象の複雑さの影響は？ ⋯⋯ 063
2.2.2 入力パラメータ数の影響は？ ⋯⋯ 066
2.2.3 データは多ければ多いほどよいか？ ⋯⋯ 069

2.3 リッチなモデルは正義か？ ⋯⋯ 072

2.3.1 リッチなモデルの恩恵 ⋯⋯ 072
2.3.2 学習の観点からは、機械学習手法は何を使えばよいのか？ ⋯⋯ 074

2.4 入力パラメータはどのように選べばよいか？ ⋯⋯ 076

2.4.1 意味のある入力パラメータとは①：失敗から学ぶ ⋯⋯ 076
2.4.2 意味のある入力パラメータとは②：物理的な根拠から考える ⋯⋯ 081
2.4.3 入力パラメータはどのように選べばよいか？ ⋯⋯ 084

⬆Point モデルが先か、データが先か、パラメータが先か？ ⋯⋯ 088

2.5 データにノイズがある場合に気を付けることは？ ⋯⋯ 089

2.5.1 ノイズがあってもデータは多ければ多いほどよいか？ ⋯⋯ 089
2.5.2 外れ値の影響は平等ではない ⋯⋯ 093
2.5.3 この外れ値データは取り除いてよいのか？ ⋯⋯ 097

2.6 データ前処理で気を付けることは？ ⋯⋯ 102

2.6.1 正規化は何のためにやるのか？ ⋯⋯ 102

2.6.2 標準正規化と最大最小正規化で結果に違いは生じるのか？ 106

2.6.3 データの意味を考えた正規化とは？ 108

2.7 logを取るべきか取らざるべきか？ 112

2.7.1 入力パラメータ x の log 変換について 112

2.7.2 出力変数 y の log 変換について 114

2.8 訓練・検証・テストデータはどのように分ければよいか？ 117

2.8.1 データ分割のおさらい 117

2.8.2 データの意味を考えると行ってはいけないデータ分割とは？ 118

2.9 十分精度が高いのに実際の予測は外してしまうのはなぜか？ 122

2.9.1 R2が高ければ問題はないのか？ 122

2.9.2 RMSEが低ければ問題はないのか？ 125

2.10 損失関数と評価関数には何を用いればよいのか？ 129

2.10.1 学習の損失関数とモデルの評価関数の違いとは？ 129

2.10.2 RMSEとMAEの比が異なる2つのモデルがあった場合、
どちらを用いればよいのか？ 133

Column 損失関数とノイズの確率分布の関係 136

2.11 すごい予測値が出たが、これは大発見なのか？ 138

2.11.1 内挿、外挿とは？ 138

2.11.2 なぜ機械学習は物理的にあり得ない値を予測してしまうのか？ 140

2.12 第2章のまとめ 143

第 **3** 章 実際の最適化で直面する問題と
解決へのアプローチ 145

3.1 最適化で何ができるか？ 146

3.1.1 どのような場合に最適化するべきか？ 146

3.1.2 最適化アルゴリズムは何をしているのか？ 149

3.1.3 最適化のパラメータも次元の呪い 151

Column 何が最適化されるのか？ 153

Column 深層学習における超多パラメータ最適化 154

3.2 どの最適化手法を選べばよいか？ 155

3.2.1 連続最適化と組合せ最適化の違いは？ 155
3.2.2 試行回数から考える手法選択 158
3.2.3 リアル試行と仮想試行による最適化の違いは？ 164

Column 得られた最適化結果は、言われたら当たり前だけど、
言われるまでは思いつかない 169

3.3 多目的最適化：
複数の目的を同時に考慮するにはどうすればよいか？ 172

3.3.1 パレート解とは？ 172
3.3.2 多目的最適化の次元の呪い 174

3.4 目的関数設計：
解の候補がたくさんある場合にどの解を選んだらよいか？ 178

3.4.1 何を最小化したいかを数式で表す 178
3.4.2 パレート解をクラスタリング 184

3.5 ベイズ最適化：
可能な試行回数が少ないときはどうすればよいか？ 190

3.5.1 1回だけの最適化と逐次最適化の違いとは？ 190
3.5.2 ベイズ最適化の中では何を行っているのか？ 195
3.5.3 ベイズ最適化の事例 199

3.6 制約付き最適化：最適化して得られた条件では
実際の実験ができない場合はどうすればよいか？ 204

3.6.1 制約付き最適化とは？ 204
3.6.2 制約付きベイズ最適化の事例 207

Point データは、設定値と実施値のどちらを使用するべきか？ 213

3.7 最適化の疑問 214

3.7.1 いつまで最適化を続ければよいのか？ 214
3.7.2 最適化の途中でハイパラを変えてもよいのか？ 216
3.7.3 Human in the loop：
結果が悪いと思われる条件でも実験する必要があるのか？ 222

3.8 第3章のまとめ 227

あとがき 229
索引 231

第 **0** 章

イントロダクション

本章に入る前の準備運動として、そもそもAIとは何かをまずは
考えてみましょう。「AI」という言葉は非常に広い意味で使われ
ていますので、本書で扱う「機械学習」と「最適化」との関連
も含めて、まずはAIに含まれる事柄を整理しましょう。次に、本
書を読むモチベーションを高めるために、これからのAI時代に必
要とされる人材像を考え、最後に、本書で学べること、学べない
ことを確認しましょう。

0.1 イントロダクション

0.1.1 AI によるパラダイムシフトと本書の対象者

　AIによって私たちの生活が大きく変わろうとしています。最も身近なところでは、皆さんが毎日使うスマートフォンはAIの塊です。動画視聴やネットショッピングでは過去の履歴から私たちが気に入るであろう動画や商品をAIがリコメンデーションしてくれますし、外国語の文字にカメラをかざせばAIが日本語に翻訳してくれ、動画を見れば音声に対してAIが自動で字幕を付けてくれます。さらに、スマートフォンで撮影した大量の写真に対しては、撮影内容に合ったタグを付けて分類してくれますし、よりきれいな写真に加工したり、写真からイラスト風の画像を生成してくれたりもします。また街中の駐車場ではナンバープレートをAIが自動認識して料金計算が行われ、レストランではテーブルの合間を縫って配膳AIロボットが料理を運んでくれます。このように、10年前では夢であったこと、考えられなかったこと、考えもしなかったことがAIによって実現しています。また将棋や囲碁では、AIが人間のプロ棋士を上回ったことに加えて、AIによる盤面評価が新しい観戦の仕方を提供するなど、AIと人間の対決が話題となっていた頃がはるか昔に感じるほど、今日ではAIは日々の生活・娯楽に溶け込み、これまでにない新しい価値を提供しています。まさに、AIによって我々の生活の考え方や価値観が大きく変わるパラダイムシフトが起こったと言えます。

　このようなAIによるパラダイムシフトは、製造業に関連する分野も例外ではありません。新聞やニュースでは、「自動検査AIで大幅省力化」「AIによって生産効率が2倍に」「革新素材をAIが発見」といったように、AI活用に関する記事を見ない日はありません。製品の高度化、製品サイクルの短期化、開発の大規模化、サプライチェーンの複雑化、二酸化炭素排出の削減、エネルギー問題、労働力不足、技術の継承・属人化など、今日の製造業は様々な課題に直面していますが、AIはそれらの課題を解決するための極めて有力な選択肢の1つとなっています。実際に多くの企業で、AIを導入することにより、これまで他の方法では解決できなかった課題が解決されていたり、解決に向かって大きく前進したりしています。

　しかし一方で、AIが有効であることはなんとなくわかるが、そもそも何に使え

るか・使えばよいかわからない、何ができるのかわからない、といった声はまだまだ多く聞かれますし、AI導入を試みたものの、思ったような効果が上がらない、想定していたことができない、AIの判断が正しいかわからない、といった声も耳にするようになりました。また、上司からAIを導入しろと言われたが、何から勉強すればよいかわからない、何から始めればよいかわからない、プログラミングができなければならないのかといった悩みも聞かれます。本書はこのようなAI未習得者、AI初学者に向けて、AI導入の道しるべとなることを目指しています。加えて、AI導入や既存の技術との統合を進めるAIプロジェクトリーダーにも本書は大いに役に立つでしょう。

　筆者は、元々は半導体の結晶成長と結晶評価に従事する研究者で、AIや情報科学の専門家ではありませんでした。つまり、応用対象の分野の知識はある中で、ゼロからAIを学び始めました。私の学びの過程では、道に迷い、道を見失い、また多くの落とし穴にはまってきました。今から思い返せば、そのような落とし穴ははっきりと見え、回避することは容易ですが、初学者にとっては（特に異分野の考え方が染みついていればいるほど）、落とし穴が見えなくなります。本書はこのような筆者の経験に基づき、AIの勉強を始めた当時にこのような教科書があれば道に迷うこともなかったという思いを形にしたものです。本書が皆さんの良き道しるべとなれば幸いです。

0.1.2　AI（人工知能）とは?

　本題に入る前に、早速ですが、AI初学者が一番初めに出会う迷いの元である「AIの定義」について整理しましょう。AIは、英語のフルスペルで書けば、Artificial Intelligence、日本語では人工知能となります。「人工知能」と聞いて、読者の皆さんは何を思い浮かべるでしょうか？　少し古いですが、鉄腕アトムやドラえもんを思い浮かべる方もけっこういらっしゃるのではないでしょうか。人間と同じように、自ら考え、自律的に行動することができる、そのようなロボットの頭脳が人工知能であると。このような、平たく言うと「何でもできるAI」は「強いAI」と呼ばれています。人工知能が人工的な知能という意味であるとすると、人工知能という言葉は強いAIを指す言葉として用いられる場面が多くあります。最近大きな話題を集めているChatGPTのような大規模言語モデルも、翻訳、要約、会話、プログラムコーディングなど、使い方次第で様々なタスクを行うことができるため強いAIの一種と見ることもできます（図0.1.1）。

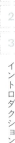

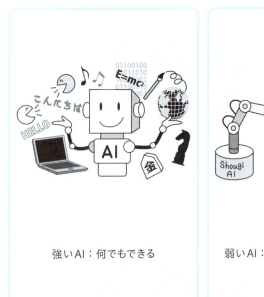

強いAI：何でもできる

弱いAI：特定のことしかできない

図0.1.1　強いAIと弱いAI

　一方で、将棋や囲碁のAIやカメラの人物認識AIなどは、決められたタスクしかこなすことができません。製造業で使われるAIも、工程Aのこの部分を予測する・最適化するといったように、特定の業務を行うAI（特化したAI）がほとんどであると思われます。このような、平たく言うと「特定のことしかできないAI」は「弱いAI」と呼ばれています。人工的な知能という言葉の意味からすると、AIと聞いて、ついつい臨機応変にどのような状況にも対応できる汎用的な強いAIのことを想像してしまいますが、実用的な場面では、特に製造業のように業務が決まっている場合は、特定のことしかできない弱いAIを指す場合が多く、気を付ける必要があります。
　AIという言葉を用いて会話するときには、強いAIを指すのか弱いAIを指すのか、参加者の間で認識を合わせる必要があります。特に、テレビやWebなどのメディアで取り上げられるAIは、大規模なデータを用いた汎用的なAIで魔法のようなことができる強いAIであることが多いため、一般の方やこれからAI活用に取り組もうとされる方が初めに想像するAIは強いAIであることが多いと思います。そのため、実際にAIプロジェクトを開始し、できあがった弱いAIに対して、（設定した目的に対しては十分な機能が得られたとしても）何もできない、期待した成果が得られないと感じてしまう場合もあります。AIという言葉は、様々

なコンセプトを包含した便利な言葉である一方で、人によってとらえ方や抱く印象が異なるため、ときとして大きな誤解を生む場合があり、注意が必要です。

さて、AIの定義について、もう少し整理していきましょう。製造業などの現場で用いられるAIを特定のタスクをこなすためのシステムとしてみると、その中には様々な技術が搭載されており、それらの組合わせによって目的とするタスクをこなすことができます。AIに含まれる様々な技術の中で、本書では、AIの根幹である**機械学習**と**最適化**の2つについて詳しく学びます。この2つは何ができるのか、なぜこの2つが重要なのか、この2つをどのように用いればよいかは、次章から詳しく見ていきますが、ここでは機械学習と最適化以外の基盤技術について触れておきましょう。

データ収集は、機械学習に用いるデータを収集する技術です。データはAIの元となる重要な要素ですが、実際のAI応用では、初めから使える形でデータが存在することはほとんどなく、まずはデータを集める必要があります。製造業では、各種製造装置や検査・評価装置などからプロセスや製品についての情報を収集するシステムの構築もデータ収集技術に含まれます。またWebや論文、特許文献といった公開情報から必要な情報を収集するための、テキストマイニング、収集ツール・フロー作成といった研究開発も重要です。

データベース技術は、収集したデータを整理・整形・補完する技術です。データを単にサーバーに蓄積すればよいわけではなく、様々なサーバーに異なる形式で保存されているデータを、機械学習に必要なもののみを集約して、使える形式のデータベースとして整えることが必要です。

システム技術は、機械学習や最適化をまとめ上げ、設定したタスクをこなす1つのシステムとする技術です。人が操作する場合のアプリ化、ワークフロー化も含めて、実用時に成果アウトプットを得るためにはシステム化が必要になります。さらにその先には、**ビジネス**視点での設計が必要です。AIから得られる恩恵は、コスト削減、歩留まり向上、品質向上など様々ですが、それが企業ビジネスとしてどのような、どれほどの貢献があるかという視点でAIを設計することも必要です。

より具体的な技術としては、AIを動作させるための計算環境を整える**コンピューティング**も重要です。重要なデータを扱うことも多く、データや計算に関わるセキュリティも重要になっています。また最近の製品開発では、CAE（Computer Aided Engineering）解析の重要性が高まっており、**シミュレーション**との融合もAIの重要な要素となっています。

AIがコンピュータ内部だけでなく、外部の実世界と連動するための**ロボティクス**もAIに関連する重要な技術として、両者の融合が活発に研究されています。

このようにAIは、様々な技術を統合したシステムを指す言葉として用いられることが多く、本書のAIの定義もこれに倣います（図0.1.2）。

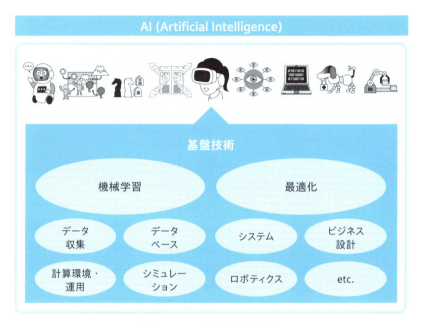

図0.1.2　AIを構成する基盤技術

0.1.3　AI時代に必要とされる人材像

本書を今から勉強する皆さんのモチベーションを上げる意味で、これからのAI時代に必要とされる人材像についてお話ししましょう。これまで、研究者・エンジニアの仕事は、大きな研究開発テーマを設定し、そこから個別の問題設定に落とし込み、さらに具体的な研究開発の作業を行うことでした。この中でも、最も対象に近い具体的な作業（実験、データ収集、解析、最適化など）を、いかに効率よく高速・高精度・高深度に行えるかが、研究者・エンジニアに求められる重要な資質でした。しかし、AIやロボットの発展により、今日ではそのような具体的な仕事の多くがAI・ロボットによってなされるようになってきました。また同時にDX化の進行により、処理すべきデータ量は我々人間が扱えないほど膨大となってきています。この意味でもAI活用が必須な時代となってきました。一方で、具体的な作業がAI・ロボットに代替された結果、それらのAI・ロボットに何をどうさせるかを設計する広義のAI設計が新しく研究者・エンジニアの仕事

として加わりました。つまり、これまで重要度が高かった実験、データ収集、分析、解析などの具体作業から、一階層メタな活動の重要性が増してきています（図0.1.3）。

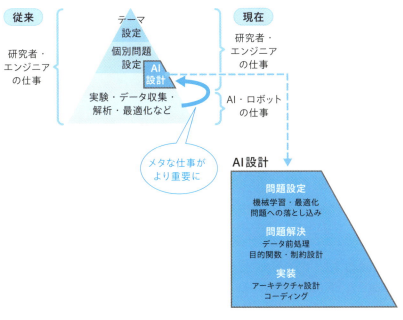

図0.1.3　研究者・エンジニアに求められる仕事とAI設計の中身

　このAI設計の中にも、階層があります。より上位階層の仕事から見ていきましょう。まず個別に設定された問題を機械学習・最適化の問題に落とし込む必要があります。次章から詳しく説明しますが、少なくとも機械学習では入力と出力、最適化ではパラメータと目的関数を明確に設定する必要があります。この機械学習・最適化問題への落とし込みの巧拙によって、AIの精度は大きく変わりますし、そもそも本当に解決したかった問題とは異なる的外れな問題設定をしてしまうこともよくあります。このような落とし込みをうまく行うためには、元の問題の系に対する専門知識（ドメイン知識）とともに機械学習や最適化のことをよく理解することが大切です。

　次に、機械学習ではデータ前処理を、最適化では目的関数や制約関数を設計します。ここでもやはり、ドメイン知識と機械学習・最適化への理解が重要になります。最後に、機械学習や最適化の中身を問題に合わせて選択・設計・開発・調整し、具体的なプログラムコードやシステムとして実装します。この最後の部分

の機械学習や最適化の中身と実装は、情報科学分野において体系的に整理されていて、教科書・解説書も多く、Webなどで実装コードも多く見つけることができます。つまり、勉強しようと思えば、勉強できる環境が整えられています。しかし、よりメタな仕事である機械学習・最適化問題への落とし込みやドメイン知識の使い方については、様々な実応用からの経験・ノウハウの蓄積がものをいう領域であるため、その重要性とは裏腹に、方法についての教科書・解説書はほとんどありませんでした。本書は、このような部分をフォローするための本です。本書を勉強し終わった暁には、AI設計をすることができる、これからのAI時代に求められている人材になれることでしょう。

0.1.4　本書で学べること、学べないこと

　イントロダクションの最後に、本書で学べることと、学べないことを整理しましょう。図0.1.4は、データサイエンティスト・AIエンジニア、AIプロジェクトリーダー、そしてAI応用初学者に必要とされる力と、AIの専門書・論文および本書で学べることを、項目ごとに点数付けしたものです。項目は、AI設計に必要とされる力（図0.1.3も参照）について、よりメタな方から、直面している課題を機械学習や最適化の問題に落とし込む問題設定力、機械学習や最適化の枠組みの中でより良いモデルや最適解を得る問題解答力、そして具体的なプログラムコードとしての実装力・プログラミングスキルがあります。またAIに関する知識として、情報科学を中心としたAIそのものに関する知識と、AIを応用するための知識があります。ちょうど、物理学と応用物理学のように、対象によって必要な学問・知識が異なります。また、ドメイン知識は、応用対象に関する専門知識です。

　以上の項目について、それぞれの立場で必要とされる力を考えてみましょう。データサイエンティストやAIエンジニアには、AIの問題を具体的なプログラムコードとして解決できる、高い実装力・プログラミングスキル、問題解答力、AI専門知識が必要とされます。一方で、AIプロジェクトリーダーやマネージャーは、自身では機械学習や最適化の実装を行うことはほぼなく、高いドメイン知識に基づいて、直面している課題をAIの問題に落とし込む問題設定力が必要とされます。また、データサイエンティストやAIエンジニアと会話・議論することができるためのAI応用力も必要です。またAI応用初学者にとっては、様々な力が広く浅く必要とされると思いますが、なかでもまずは機械学習と最適化の大枠をとらえることがその先のAI活用にとって有効であるため、よりメタな力が初め

必要とされる力

AIプロジェクトリーダー

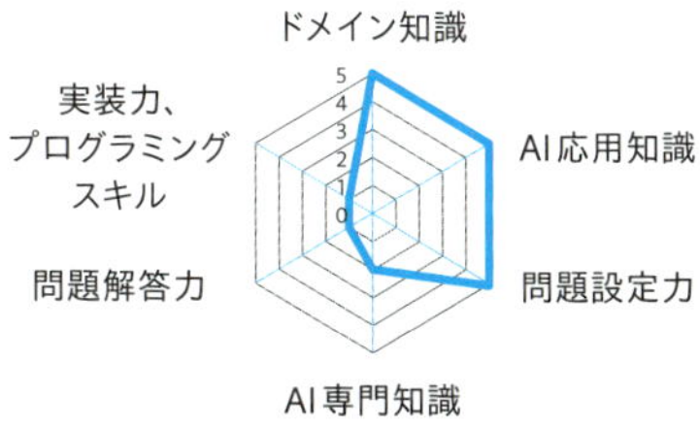

データサイエンティスト、AIエンジニア

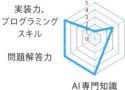

AI応用初学者

学べること

AI専門書・論文

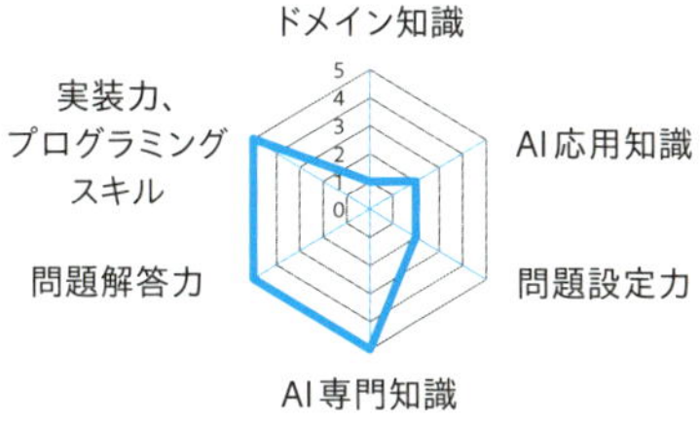

本書

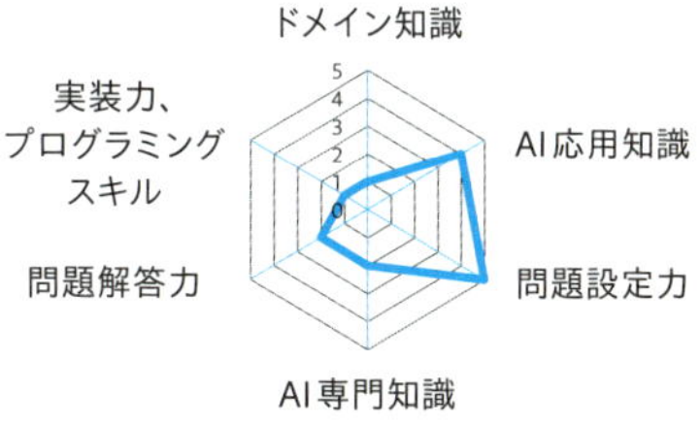

メタ度 ↑ 問題設定力 / 問題解答力 / 実装力、プログラミング

応用度 ↑ AI応用知識 / AI専門知識

図0.1.4　必要とされる力と学べること

は必要でしょう。そもそもAI応用初学者にとっては、自身のやりたいことに対してどのAI専門知識をより深く学べばよいかがわかりませんし、最先端のAI技術は初めから取り組むには複雑すぎます。

　このような必要とされる力に対して、従来のAI専門書や論文から学べることは、データサイエンティストやAIエンジニアに適したAI専門知識、問題解答力、実装力・プログラミングスキルが中心でした。したがって、AIプロジェクトリーダーやAI応用初学者が従来のAI専門書を学んだとしても、なかなか必要な力とマッチしないと感じることがあったのではないでしょうか。では逆に、データサイエンティストやAIエンジニアには本書はお勧めできないかというと、そのようなことはありません。それは、AI分野以外の方とのコミュニケーションのためです。おそらく、データサイエンティストやAIエンジニアの方は、データ分析結果や最適化結果をプレゼンした際に、クライアントに理解されなかった経験をお持ちではないでしょうか。その理由には、クライアント側のAI知識不足もあるかもしれませんが、相手の思考・発想に対する思い違いがあるかもしれません。本書を読めば、クライアントとなるであろうAIプロジェクトリーダー（AI初学者）がどのような思考・発想であるか、どのような部分に課題を抱えているか、が理解できるようになると思います。

　以上の話は、従来のAI専門書と本書のどちらが優れているかを示すものではありません。本書の後半で解説する多目的最適化で説明しましょう。多目的最適化では、目的同士にトレードオフ（あちらを立てればこちらが立たず）の関係がある場合は、パレート解の集合であるパレートフロントを求めることがタスクとなります（図0.1.5）。パレート解は、各目的の重みが異なるだけで、いずれもその重みバランスの中では最も理想に近い良い解となります。上の議論を多目的最適化で考えると、従来のAI専門書は実装力向上、プログラミングスキル習得、最新AI技術理解という目的の重みが高い解であり、一方本書は、ドメイン知識活用力、AI応用理解向上という目的の重みが高い解です。パレート解同士には優劣はありませんので、いずれも読むべき本であることには変わりありません。本書をAI専門書と合わせて読むことで、相補的な効果が期待でき、より深くAI応用を進めることができるでしょう。

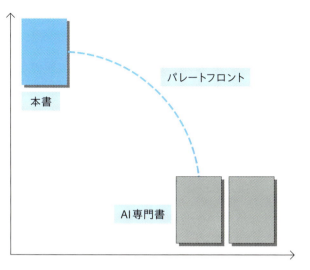

図 0.1.5　読むべき本の多目的最適化

Column 日本人はAIを信用してはいないが、嫌いではない！？

スタンフォード大学のHuman-centered AI Institute（HAI）が毎年刊行しているAIインデックスレポートの2023年版[1]からとても興味深い調査結果を紹介しましょう。29か国においてAIに対する考えを調査した結果からの抜粋を表0.1.1に示します。まず、「AIが何かをよく理解している」という設問に対して、AI開発大国の中国と米国は高いパーセンテージを示したのに対して、日本は29か国中最下位の41％でした。日本人の奥ゆかしい遠慮がちな性質を表しているかもしれませんが、筆者の体感としても、諸外国と比較して日本はAI理解が進んでいないと思われます。本書はまさにAI理解のためにある本です。本書を読まれた皆さんは、ぜひこの設問に自信を持ってYes！と回答してください。日本は同様に、「AIを用いた製品やサービスは今後3−5年で私の生活をより便利にする」「AIを使った製品やサービスは欠点よりも利点の方が多い」「AIを使用している企業を使用していない企業と同じように信頼している」といった設問に対して、低い肯定パーセンテージを示しました。日本ではまだまだAIを信用している人の割合は低いようです。ここでの興味深い結果が中国と米国の比較です。AI理解に対して高いパーセンテージを示したAI大国の両国ですが、これらの設問に対する回答の結果は対照的です。いずれの設問に対しても中国が高いパーセンテージを示したのに対して、米国はいずれの設問に対しても日本よりも低い肯定パーセンテージを示しま

した。米国の市民は意外にもAIに対してネガティブな印象を持っているよう
です。

表0.1.1　AIに関する国別調査（2022年実施）[1]の抜粋

	中国	ドイツ	日本	米国
AIが何かをよく理解している	67%	50%	41%	63%
AIを用いた製品やサービスは今後3-5年で私の生活をより便利にする	87%	45%	52%	41%
AIを使った製品やサービスには、欠点よりも利点の方が多い	78%	37%	42%	35%
AIを使用している企業を使用していない企業と同じように信頼している	76%	42%	39%	35%
AIを使った製品やサービスは私を不安にさせる	30%	37%	20%	52%

最後の設問に対する回答は、日本の可能性を感じさせる面白い結果でした。
「AIを使った製品やサービスは私を不安にさせる」という設問です。この設問
に対する肯定回答は、中国のようにAIに対してポジティブな感情を持つ国ほ
ど低く、米国のようにAIに対してネガティブな感情を持つ国ほど高い傾向が
はっきりと見られます。しかし、日本だけはこの傾向から大きく外れ、中国
よりも低く29か国中で最も低い値です。この結果から、日本人はAIの受容性
は非常に高いということが読み取れます。現状の日本人は、AIのことがよく
わからないため、AIに対してそこまでポジティブな印象を持っていませんが、
かといって、嫌いでもない。裏を返せば、AIのことをよく理解して、AIが何
者かが判明すれば、ぜひ付き合いたいということではないでしょうか。この
意味で、日本はAI導入へのポテンシャルが高いと言えます。本書が日本人の
AI理解を助け、日本のAI普及に少しでも貢献できればと思います。

[1]　The 2023 AI Index Report, https://hai.stanford.edu/ai-index/2023-ai-index-report

第 **1** 章

そもそもの問題設定で起こる問題と
解決へのアプローチ

　本書では、第2章で機械学習、第3章で最適化、において生
じる問題について考えます。しかし、これら具体的な問題解決に
入る前段階の「問題設定」の過程においても、多くの問題が発
生します。特に、問題設定を誤ると、その後の機械学習・最適
化のすべてが台無しになってしまいます。本章ではそもそもの問
題設定で起こる問題と解決へのアプローチとして、まず関数の設
定について学び、次いで、機械学習と最適化の概要を学びます。

1.1 何に気を付けて 関数を設定すればよいか?

問題設定の第一歩は関数の設定です。機械学習も最適化も、基本的には関数の形で表される問題を対象とします。したがって、何を関数のパラメータとして、何を関数の出力とするかで、その後の問題設定の方向が決まってしまいます。なお「パラメータ」は、機械学習においては内部表現(学習によって値が決まる変数)を表す場合もありますが、最適化でのことを頭に入れ、ここでは関数の入力を表します。本節ではまず、関数とパラメータについておさらいし、続いて、関数のパラメータと出力に因果関係があるかどうか、関数のパラメータは制御できるかの視点から、関数とパラメータの設定について解説します。

1.1.1 関数とパラメータのおさらい

「関数」は、皆さん、中学校1年生で習いましたね。「変数yが変数xに依存して決まるとき、yはxの関数であると言い、$y = f(x)$と書く」。つまり、xの変化に応じてyも変わる、その関係を表すのが関数$f(x)$です(図1.1.1)。このときのxは、最適化や機械学習の中では、様々な呼び名で呼ばれます(x:変数、決定変数、パラメータ、入力、入力変数、説明変数、独立変数、特徴量など)。また同様に、yと$f(x)$も様々な呼び名で呼ばれます(y:出力、出力変数、目的変数、従属変数など、$f(x)$:関数、目的関数、出力関数など)。名前が異なるため、ついつい異なるものや概念を表しているように考えてしまいますが、xはyの値を変えるもの(能動的・入力)、yはxの値に応じて変わるもの(受動的・出力)という基本的な関係はすべて同じです。特に、以降の章で説明するように、実践的な課題解決における機械学習や最適化の問題設定では、最適化ループの中に別の最適化ループがあるといったように、異なる関数が幾重にも重なるため、その都度、何がパラメータxで、何が関数$f(x)$の出力yであるかを意識することが重要です。1つ1つ確認しながら進めることで、問題構造をしっかりと把握することができます。また、「パラメータx」と「関数の出力y」という呼び方がしっくりこない方は、「x」と「y」でも、「入力」と「出力」でも、自分がわかりやすい呼び方のペアで意識付けるとよいでしょう。いずれにしても重要なことは、何が変化して、その変化に伴って何が変わるか、です。

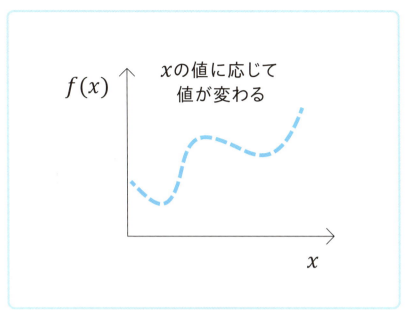

図1.1.1　関数と変数

チェック　変数の表記

　本書では、慣例にしたがって変数は斜体で表します。これは、パラメータAや変数bのような呼び名を表す文字と、パラメータx_Aや変数x_bのように変数そのものを表す文字を区別するためです。また本書では、ベクトルや行列といったテンソルである変数を**太字**で表します。$\boldsymbol{x}$と書いた場合は、$\boldsymbol{x} = (x_1, x_2, x_3)$のように、複数の要素を持つテンソルの変数です。本書で扱うパラメータは、本来、基本的にはベクトルですが、特にベクトルであることが必須でない場合は、シンプルにスカラーとして表記します。逆に太字表記の場合は、ベクトルであること（複数の要素があること）に意味がありますので、注意して意識してください（図1.1.2）。

図1.1.2　表記の違いによる意味の違い

1.1.2　因果関係と相関関係は何が違うのか?

　関数のパラメータと出力変数の関係をもう少し考えていきましょう。様々な教科書や解説記事で定番となっている「気温とアイスクリームの売り上げの関係」を本書でも考えてみましょう。あるアイスクリーム屋で、その日の最高気温（以降では単に気温と書く）と売り上げを毎日記録していました。このデータから、気温をパラメータxとして横軸に、売り上げを関数の出力yとして縦軸にとったプロットを作成しました（図1.1.3左）。できあがったグラフを眺めると、右肩上がりの傾向が見られ、気温が上がるとアイスクリームの売り上げが増えるという法則がありそうだということがわかりました。この法則を元に、そのアイスクリーム屋では、翌日の天気予報の予想気温からアイスクリームの売り上げを予測して、原料の仕入れや仕込みを調整することができるようになり、在庫管理や作業コストを削減することができました。再確認になりますが、この場合は、気温がパラメータx、アイスクリームの売り上げが関数の出力yです。

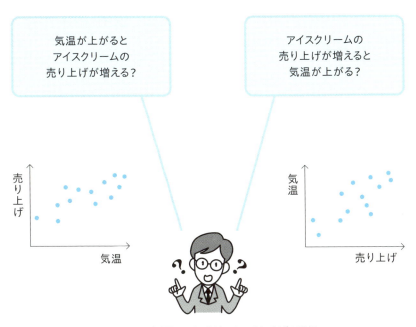

図 1.1.3 気温とアイスクリームの売り上げの関係

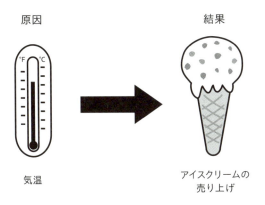

図 1.1.4 因果関係

さてここで、図1.1.3左のグラフの縦軸と横軸を入れ替えて、横軸が売り上げ、縦軸が気温というグラフ（図1.1.3右）も作ることができます。このときは、売り上げがxで、気温がyです。このグラフは何を意味するでしょうか？　グラフの意味をそのままとらえると、アイスクリームの売り上げが増えると気温が上がる、となります。このようなことは実際には起こり得るでしょうか。近年、地球温暖化が深刻になっていますが、アイスクリームの売り上げを下げることで気温の上昇を抑えることができるならば、全世界で協力してこのアイスクリーム屋のネガティブキャンペーンに取り組まなければなりません。これはどう考えてもおかしな状況ですね。

このおかしさの原因は、xとyの間に**因果関係**があるかどうかにあります。因果関係とは読んで字のごとく、原因と結果の関係です。今回のケースでは、図1.1.4のように、気温が原因で、アイスクリームの売り上げが結果、という方向の因果があり、逆はありません。製造業をはじめとする実際の現場の様々な課題を具体的な関数に落とし込むときには、xとyの間に因果が存在するか否かを意識することが大切です。気温とアイスクリームの売り上げのように、直接的に作用する因果関係の他に、様々な要因を間に挟んで間接的に因果関係が存在する場合もあります。一見意味がありそうでも物理法則から考えると因果関係があり得ないことや、逆に一見関係がなさそうでも様々な場合を考えると因果関係がある場合など、実際の現象はとても複雑です。例えば、xを曜日、yをある製品の品質歩留まりとした場合、因果関係はあるでしょうか？　曜日によって物理法則が変わることはあり得ず、不変ですので、因果関係はないでしょうか？　それとも、曜日によって工場内の機器の稼働率が異なるため、工場施設の電源や室温が微妙に変動し、その環境変化が製品品質に影響することはないでしょうか？　まさに、「風が吹けば桶屋が儲かる」のように、実際の因果関係は非常に複雑ですが、物理的な考察やデータ解析によって関係を紐解き、原因を特定していくことが、問題解決の近道です。また予想でもよいので問題設定段階で、パラメータxと関数の出力yの間に因果があるかどうかを頭に入れておくことは大切です（図1.1.5）。

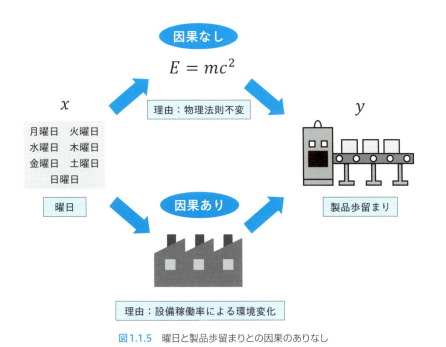

図1.1.5　曜日と製品歩留まりとの因果のありなし

1.1.3　パラメータが制御できるかできないかで何が変わるのか？

　関数設定における、xとyの関係をさらに深く考えてみましょう。ここでは、パラメータを制御できるかどうかを考えます。表1.1.1は、気温とアイスクリームの売り上げの関係を、因果関係か相関関係か、パラメータxが制御できるかどうかを整理した表です。相関関係とは、片方が増えればもう片方も増える（正の相関）もしくは片方が増えればもう片方は減る（負の相関）という関係を表す言葉で、変数間に因果は必要ありません。上で述べたアイスクリームの売り上げをx、気温をyとした関係は相関関係でした。

因果関係あり

　まず、因果関係ありから見ていきましょう。アイスクリームの売り上げの例では、因果関係ありは、気温がx、アイスクリームの売り上げがyでした。ですので、パラメータxである気温が制御できるかどうかを考えます。制御できるとは、私

たちがその値をコントロールして決められる、という意味です。毎日の気温の変化は地球の大規模な大気の動きによるものですので、私たちにはとてもではありませんがコントロールすることはできません。また、アイスクリームの売り上げのうち気温によって変動する部分は、そもそも気温が制御できませんので、同様に私たちには制御することができません。このように、因果関係ありで、パラメータ x が制御できない場合は、出力 y も制御することができません。では、出力 y を制御できないため、このような関数を設定することは意味がないのでしょうか？

実は、「因果関係あり、かつ、パラメータが制御できない」場合の例はすでに上で見ました。「気温が上がるとアイスクリームの売り上げが増えるという法則を元に、そのアイスクリーム屋では、翌日の天気予報の予想気温からアイスクリームの売り上げを予測して、原料の仕入れや仕込みを調整することができるようになり、在庫管理や作業コストを削減することができました。」の部分です。このように、パラメータが制御できずとも、パラメータの値から出力 y を予測することができ、その予測結果に基づいて意思決定をすることができます。

では、「因果関係あり、かつ、パラメータ x が制御できる」場合を考えてみましょう。外気温をコントロールすることは無理でしたが、室内の気温でしたら私たちにもエアコンで制御することができます。例えばある映画館で、エアコンの設定温度（室内気温）と店内のアイスクリームの売り上げを記録し、そのデータから室内気温とアイスクリームの売り上げの関係を求めたとします（図1.1.6）。アイスクリームの売り上げは室内気温の上昇とともに増加しますが、ある気温以上では逆に減少しました。これは気温が高すぎるとアイスクリームよりもかき氷を購入する人が増えたことによるもので、実際に高い室内気温のときは、かき氷の売り上げが大きく増加していました。このような映画館で、もし間違えてアイスクリームの材料を多く発注してしまい、明日はどうしてもアイスクリームを大量に売りたい場合は、どのようにしたらよいでしょうか。そうです、私たちは室内気温を制御できますので、アイスクリームの売り上げが最も高いと予測される室内気温にエアコンを設定すれば、アイスクリームが多く売れることが期待されます。このように、「因果関係あり、かつ、パラメータ x が制御できる」場合は、y を予測して、その予測結果に基づいて x を制御することで、その結果として y を制御することができます。このような、「因果関係あり、かつ、パラメータ x が制御できる」関係を関数として設定することは、私たちの欲しい結果 y を制御して得られることを意味しますので、大変有益です。

表1.1.1 気温とアイスクリームの売り上げの関係の整理

因果関係あり				因果のない相関関係			
xを制御できる		xを制御できない		xを制御できる		xを制御できない	
x	y	x	y	x	y	x	y
室内気温	アイスクリームの売り上げ	外気温	アイスクリームの売り上げ	アイスクリームの販促キャンペーンの有無	外気温	アイスクリームの売り上げ	外気温
yを予測・制御できる → 機械学習と最適化		yを予測できる → 機械学習		yはxの関数ではない yとxは独立		yを予測できる → 機械学習	

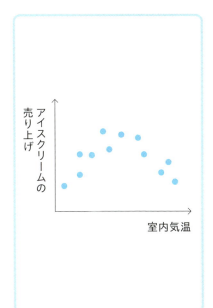 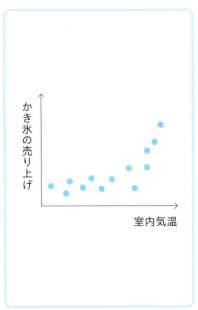

図1.1.6 室内気温とアイスクリームとかき氷の売り上げの関係

因果のない相関関係

では次に、因果のない相関関係について考えてみましょう。まず、「相関関係、かつ、xが制御できない」場合です。今回の例では、アイスクリームの売り上げ、yは外気温です。このような相関関係を関数として設定することには意味がある

でしょうか？　制御ができず、かつ、因果がなくても、関数を設定することには意味があります。アイスクリームの売り上げの例では、室内で働いているアイスクリーム屋の店員が、これまでの外気温とアイスクリームの売り上げの関係から、「今日はアイスクリームがたくさん売れるから外は暑いに違いない」と、予想することができます（図1.1.7）。これは、直接外気温を測定しなくても、外気温が原因で起こるアイスクリームの売り上げの変化という結果から、間接的に外気温を予測することに相当します。このような間接的な外気温の予測を元に、例えば、室内気温を調整するなど意思決定を行うことができます。つまり、「相関関係、かつ、xが制御できない」場合も、状況によっては関数を設定することに意味があります。ただし、このような回りくどい間接的な方法で外気温を予測するよりも、外に出て直接外気温を測定した方が、はるかに正確で容易です。せっかくデータがあるのだから何か関数を設定しようと、関数設定自体が目的になってしまうこともままありますが、効果やコストを考慮して意味がある設定を行うことが重要です。

図1.1.7　相関関係から状況を推定

最後に、残された、「相関関係、かつ、xが制御できる」場合を考えてみましょう。アイスクリームの売り上げは、例えば、販売促進キャンペーンを行うか行わないかで制御することができるでしょう。では、この販促キャンペーンの有無で、

外気温は変わるでしょうか？　もちろん、変わりませんね。関数のパラメータであるアイスクリームの売り上げと、出力である外気温は相関関係があっても因果がないため、パラメータを制御して変化させても出力はその変化に応じた変化はしません。この関係は、「変数yが変数xに依存して決まるとき、yはxの関数である」という関数の定義から外れますので、yはxの関数ではなく、yとxはともに独立であり、関数を設定することはできません。

本節のまとめ

以上で見たように、問題設定の第一歩として関数を設定する際には、

- 何が関数のパラメータで、何が関数の出力か
- パラメータと出力の関係は因果関係か、相関関係か
- パラメータは制御できるか

を頭に入れながら、進めることが大切です。それぞれの組合わせによって、できること、できないことが異なるため、今直面している解決したい課題が、この関数の設定によって解決できるかどうかの確認が必要です。

1.2 機械学習と最適化の問題に落とし込むには?

関数設定の次は、解決したい課題を機械学習と最適化の問題に落とし込む作業になります。この落とし込み作業を行うためには、機械学習と最適化の大枠を理解しておく必要があります。第2章での機械学習、第3章での最適化の具体的な議論に先立ち、本節ではまず、機械学習と最適化の違いを明確にしたのち、機械学習と最適化のそれぞれの恩恵を知ることで、両者の特徴を大まかに把握します。

1.2.1 機械学習と最適化の違いとは?

　1.1節でのアイスクリームの売り上げの例では、「外気温からアイスクリームの売り上げを予測する」、「アイスクリームが最も売れるように室内気温を調整する」といったことを行いました。実は、このようなことを行うための方法がそれぞれ**機械学習**と**最適化**です。機械学習と最適化の構図を図1.2.1にまとめます。「因果関係あり、かつ、xが制御できる」場合の「室内気温とアイスクリームの関係」の例で考えてみましょう。

　毎日、室内気温とアイスクリームの売り上げを記録して、データセットを作成しました。横軸xが室内気温、縦軸yがアイスクリームの売り上げとしてプロットすると図1.2.1左のようになりました。ここで私たちがまずやりたかったことは、アイスクリームの原料在庫管理や仕込み作業を行うための指標とするため、室内気温によってアイスクリームの売り上げがどのように変わるかを予測することでした。これは、yのxに対する法則を見つけることに相当します。この、「データから法則を見つけること、またはその方法」が、**機械学習**です（図1.2.1中央）。線形回帰、ランダムフォレスト、ニューラルネットワークといった手法は、機械学習を行う方法であり、機械学習手法と総称されます。

　次に、大量の原料在庫を抱えてしまったアイスクリームを少しでも多く売るために、アイスクリームの売り上げが最も高くなる室内気温を求めました。これは関数の出力を最大にするxを見つけることに相当します。この、「関数を最小（最大）にするxを見つける」ことが**最適化**で、最適化を効率よく行う方法が**最適化アルゴリズム**です（図1.2.1右）。勾配法や遺伝的アルゴリズムは、最適化アルゴリズムに含まれます。ここで、図1.2.1右の図の縦軸はyではなく、目的関

数$f(y)$と書いてあります。第3章の最適化の目的関数設計で詳しく説明しますが、最適化では元の関数の出力yをパラメータとした関数を最小（最大）化します。ただし本章の範囲では、目的関数は$y = f(y)$として、何も操作せずyをそのまま出力する関数であると考えて問題ありません。

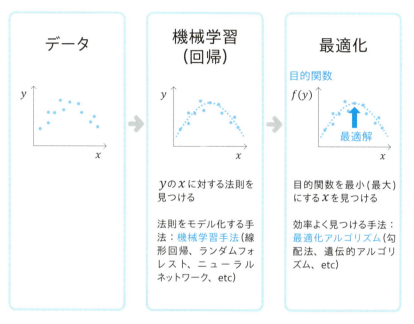

図1.2.1　機械学習と最適化の構図

　機械学習と最適化の意味については次項と次々項でそれぞれ詳しく見ますので、ここでは前節で考えたパラメータと関数の組合わせと、機械学習、最適化との関係を見ていきましょう。機械学習はyのxに対する法則を見つけることですが、ひとたび法則が見つかれば、法則を用いてyを予測することができます。表1.1.1の一番下の行で整理したように、yを予測できる関係は、「因果関係かつxが制御できる」「因果関係かつxが制御できない」「因果なしかつxが制御できない」の3つでした。したがって、機械学習を適用することに意味がある関係はこの3つとなります。逆に言うと、「因果なしかつxが制御できる」場合は、yとxは独立であるので、両者の間に法則はなく、機械学習によって関係をモデル化することはできません。

　一方、最適化は、目的関数を最小（最大）にするxを見つけることですが、見つけたxの値に制御することで、yを最小（最大）にすることができます。室内気温を制御して、アイスクリームの売り上げを最大化したようにです。このように

yを制御できる関係は、**表1.1.1**でまとめたように、「因果関係かつxが制御できる」場合でした。つまり最適化は、「因果関係かつxが制御できる」関数設定において大きな意味があります。一方、「因果関係かつxが制御できない」「因果なしかつxが制御できない」の場合は、xが制御できませんので、最適化の結果を用いてyを制御するような直接的な恩恵はありません。しかし、最適化の結果、yが取りうる最大・最小の値を知ることができます。関数の出力yが取りうる範囲を知るだけでも様々なことに役立ちますので、制御ができないとしても十分に意味があります。最後に「因果なしかつxが制御できる」場合は、xとyは独立でしたので、yを最大（最小）にするxは一意に決まらず、最適化はできません。

📵 本項のまとめ

実際の課題解決において機械学習と最適化の問題に落とし込む作業では、機械学習と最適化の大枠を理解しておくことが大切です。それぞれ次のようにまとめられます。

機械学習：yのxに対する法則を見つける

最適化：目的関数を最小（最大）にするxを見つける

1.2.2 そもそもなぜ機械学習をするのか？

もう少し機械学習と最適化を詳しく眺めて、特に、それぞれの恩恵を考えてみましょう。まずは機械学習からです。機械学習は、データから法則を見つけることでしたが、パラメータxが1次元のスカラーである場合は、**図1.2.2**のように、データ全体の傾向を表す曲線を得ることに相当します。どのようにして曲線を得るかは機械学習の専門書で学ぶとして、今は機械学習によって曲線が得られたとしましょう。このようにひとたび曲線が得られれば、任意のx'の値に対して、対応するy'の値を求めることは非常に高速かつ低計算コストで行うことができます。図のように、x軸から垂線を伸ばして、曲線と交わった点のyの値を読めばよいのですから、とても容易ですね。なお、**図1.2.2**を見てわかるように、実際の結果（点）が必ず曲線の上に乗るわけではなく、たくさんの試行をすると平均的に曲線の値を取ることが予測されます。したがって、機械学習によって求められるyはあくまでも予測値となります。また、このような、値を予測する機械学習を「回帰」と言います（機械学習には他に、クラスを予測する「分類」があります）。

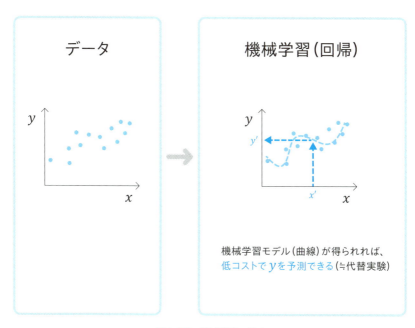

図1.2.2 機械学習の恩恵

　機械学習による低コストでのyの予測は、具体的にはどのような恩恵があるでしょうか。製造業での成膜プロセスにおける機械学習（図1.2.3）を例に、恩恵を考えてみましょう。このプロセスで得られる膜の品質や、さらにその膜を用いて作製したデバイスの特性は、成膜条件によって左右されるとします。この関係は、膜品質やデバイス特性をyとして、成膜条件をxとすれば、「yはxに依存して決まる」関係ですので、関数となります。このとき、xとyの関係を表す真の関数を$f(x)$とすると、機械学習はデータから$f(x)$の近似関数$\hat{f}(x)$を求めることに相当します。機械学習の場合、この近似関数は機械学習モデルと呼ばれます。この$\hat{f}(x)$に対して、xに任意の値を代入すれば対応するyの予測値を返してくれます。関数$f(x)$を実行する、すなわち実際の実験を行うには、原料、人手、時間などの大きなコストがかかりますが、近似関数$\hat{f}(x)$はコンピュータ内部に作られた関数に代入して計算するだけですので、非常に高速かつ低コストに実行することができます。また、これまでに実際の実験をしたことのある条件だけでなく、まだ実験したことのない条件に対してもその条件のxの値を代入すれば、得られる結果の予測値を返してくれます。すなわち未知の条件に対する結果も予測することができます。このように、機械学習の最もわかりやすい応用は、既存の高コストな関数$f(x)$を、入出力関係が同じ低コストな関数$\hat{f}(x)$に置き換えることです。

この置き換えたモデルのことは、サロゲート（代替、代理）モデルと呼ばれることがあり、機械学習はサロゲートモデルを作る極めて有効な手段です。

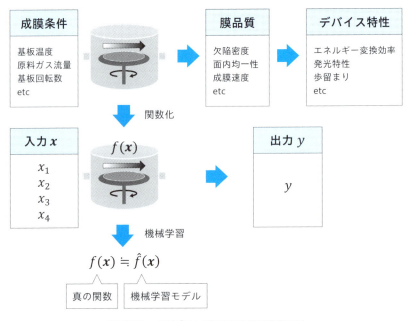

図1.2.3　成膜プロセスにおける機械学習の例

　さらに、機械学習予測の高速・低コスト性を活かして、パラメータ影響の解析を行うことができます。図1.2.4に、成膜プロセスにおいて基板温度の影響を解析した例を示します。成膜条件のうち、基板温度以外のパラメータを特定の条件に固定して、基板温度のみを連続的に変化させ、それぞれの温度での成膜速度を、機械学習モデルを用いて予測させました。その結果、図1.2.4のようなグラフが得られたとすると、基板温度の影響として、「ある条件では基板温度を上げると中温域までは成膜速度が比例するように増加するが、高温域では一定値に収束する」という傾向を読み取ることができます。これを実際の実験で行おうとすると、基板温度を変えた実験を何度も行わなければならず、膨大なコストがかかりますが、機械学習の予測では計算機の中だけでこの繰り返し試行を行うことができます。このような連続的な条件に対して機械学習を用いて予測し、その結果から得られる知見を獲得することは、機械学習モデルの高速・低コストというメリットをうまく活かした応用です。なお、このような特定の条件周囲でのパラメータ影響のプロットを行うことはPartial Dependence Plotと呼ばれます。この他にも、得られた機械学習モデルに対して、様々な条件を考慮してパラメータの平均

的な影響を解析する方法としてSHAPなどがあり、このような一連の解析はホワイトボックス手法として盛んに研究されています[1]。さらに機械学習手法の種類によっては、機械学習モデルの学習と同時にパラメータの影響を取得することが可能な方法もあります。ホワイトボックス手法の活用は、第2章の機械学習手法の選択で説明します。

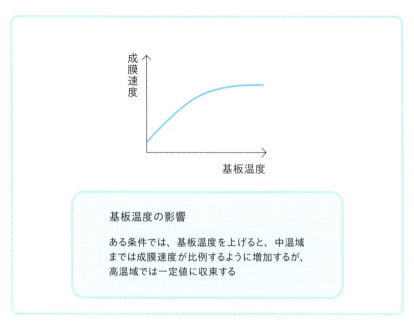

図1.2.4　パラメータ影響の解析の例

本項のまとめ

機械学習モデルを作成することには、次のような恩恵があります。
- 代替試行：高コストの試行を高速かつ低コストで代替できる。
- 未知予測：未知の条件に対して結果を予測できる。
- パラメータの影響解析：各種ホワイトボックス手法を用いることで、パラメータの影響を解析できる。

1.2.3 そもそもなぜ最適化をするのか?

最適化は、目的関数を最小（最大）にする x を見つけることでしたが、パラメータ x が1次元のスカラーである場合は、図1.2.5のように、目的関数 $f(x)$ を表す曲線の最小（最大）位置を見つけることに相当します。ここで、最小の関数値 $f(x^*)$ を最適値、最小を与える x^* を最適解と呼びます。さて、最適化にはどのような恩恵があるでしょうか。アイスクリームの売り上げの例では、「アイスクリームの売り上げを最大にする室内気温」を知ることができました。では、機械学習、特にサロゲートモデルとはどのような関係にあるでしょうか。

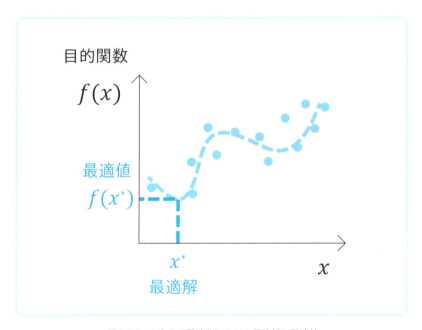

図1.2.5　1次元の最適化における最適解と最適値

図1.2.3と同様に、製造業における成膜プロセスで考えてみましょう。関数の入力 x は成膜条件、出力 y は膜品質やデバイス特性です。このとき、最適化は y を最小（最大）にする x を見つけることでしたので、膜品質やデバイス特性を最小（最大）にする成膜条件を見つけることに相当します。これは製造業では、プロセス最適化と呼ばれることそのものであり、研究開発の根幹をなす作業になります。さらに機械学習と最適化の関係を一般化したものを、図1.2.6に示します。最適化は、y を最小（最大）化するだけでなく、目的関数を工夫することで、様々な基準の元での最適解を得ることができます。例えば、最小化する目的関数を目標

値y_tとの差の絶対値$|y - y_t|$と置いた場合には、この基準で、任意のy_tに対する最適値y^*を与えるx^*を得ることができます。したがって一般化すると、最適化はyからxを求めることに相当します。機械学習は関数の順方向の問題である順問題を解く方法でしたが、最適化は矢印が関数の入出力の方向とは逆になっており、いわゆる逆問題です。つまり最適化は逆問題を解く方法の1つです。

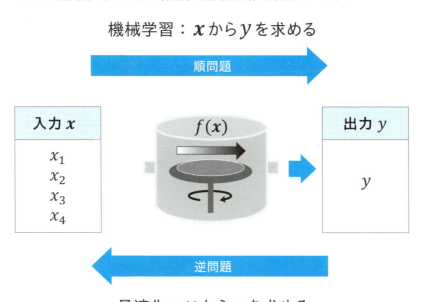

図1.2.6　機械学習と最適化の関係

　さてここまでで、最適化の恩恵は理解できたと思います。では、具体的に最適化を行う方法を考えてみましょう。最適化は、図1.2.5では曲線の最小位置を見つけることに相当し、どこが最小位置かは曲線を見ればすぐにわかります。ですがよく考えてみると、曲線を描くためには、少しずつ値を変えたxを関数に代入して対応するyの値を知る必要があります。この作業は、いわゆる網羅計算と呼ばれる作業です。どの程度細かくxを刻むかにもよりますが、xが多次元ベクトルになると、すべての組合わせを計算する網羅計算はすぐに組合わせ爆発して計算できなくなってしまいます（詳しくは第2章と第3章の次元の呪いで解説します）。網羅計算ができないとなると、皆さんはどのようにして最小（最大）位置を見つけるでしょうか？

　例えば最小化問題で、（わかりやすく1次元で描きますが）図1.2.7のように、1、2、3番とxの値を少しずつ大きくしながら関数に代入（実際の試行では実際

の実験、機械学習の試行では予測）して、目的関数の値を得たところ、図1.2.7のような右下がりの傾向が得られました。読者の皆さんでしたら、次に代入を行うxの値は、2と3の間の領域か、3より大きな領域か、どちらの領域を選択するでしょうか？　網羅計算ができない場合は、このように、1回1回データの傾向を見て、より関数の出力が低くなりそうなxで関数の代入を行い、その結果に基づいて再びxを決めて代入することを繰り返します。しかし毎回、次のxを人が決めることは大変です。また人の判断が最適解を見つけるための戦略として、常に最善とは限りません。

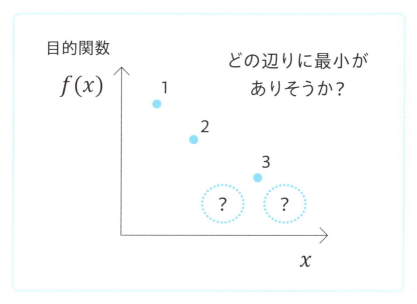

図1.2.7　人の判断で次の探索位置xを決める場合

　そこで、自動的かつより効率的にyの最小位置を見つける方法が、最適化アルゴリズムです。定められたルール（アルゴリズム）に基づいて次のxを決めるため、人の判断は必要ありません。コンピュータによる計算でアルゴリズムに従って次のxを求め、求めたxを関数に代入することを繰り返すことで、自動的に最適解を得ることができます。またアルゴリズムが問題とうまくかみ合えば、少ない試行回数で最適解に到達できます。試行にはコストがかかりますので、少ない試行で最適解に到達できることは大変な恩恵になります。これまでに様々な最適化アルゴリズムが研究・開発されており、代表的な方法には、勾配法、遺伝的アルゴリズム、粒子群最適化などがあります。しかし、それぞれの最適化手法には、関数の形状やパラメータ数によって得意不得意があり、どのような問題に対して

も有効な万能な方法はありません。またそれぞれの最適化手法においても設定すべきパラメータ（いわゆるハイパーパラメータ）があり、問題に合わせた調整が必要です。どのような問題のときに、どのような手法・ハイパーパラメータを使えばよいかは、第3章の最適化で詳しく考えます。

📷 本項のまとめ

最適化を行うこと、および、最適化に最適化アルゴリズムを用いることには、それぞれ次のような恩恵があります。

最適化の恩恵
- 最小・最大化：出力を最小（最大）にする条件を求められる
- 逆問題：最適化は関数の逆問題を解く方法の1つ

最適化アルゴリズムの恩恵
- 自動：定められたルールに従うことで、自動で最適化を実行できる
- 高効率：少ない試行回数で最適解を得ることができる

Column ✏️ なぜ最小化なのか？

本書では最適化をすべて、「最小（最大）化」と書き、最大化を括弧括りで表し、最小化の方が基本であることを暗に示しています。目的関数にマイナスの符号を付ければ、最小化問題は最大化問題になりますので、最小化でも最大化でも実用上はどちらでも違いはありません。しかし、世の中の最適化ライブラリは、ほぼすべて、最小化で実装されており、また本書でも最小化を基本としています。これには理由があるのでしょうか。

大きな理由の1つは、実際の場面で多く遭遇する最適化問題が誤差を小さくする最小化問題だからでしょう。機械学習の学習自体も、教師データと予測値との誤差を最小にする最小化問題です。また決められた設定値などがあり、特定の目標値に関数の出力を近づける最適化をしたい場合も、目標値との誤差を最小化する問題になります。これらの誤差は最小値が0ですので、0に近づける最小化問題となります。また別の理由として、最大化問題の場合は、想定される最大の極限が問題によって変わるため、多様な問題に共通して使用できる最適化アルゴリズムのハイパーパラメータを設定しにくいということも挙げられるでしょう。

---

[1] 森下 光之助 著，"機械学習を解釈する技術〜予測力と説明力を両立する実践テクニック"，技術評論社 (2021).

1.3 機械学習と最適化アルゴリズムを組み合わせるとどのようなよいことがあるのか?

ここまで、関数設定および機械学習・最適化の恩恵をそれぞれ見てきました。本章の最後では、機械学習と最適化アルゴリズムを組み合わせるとどのようなよいことがあるかを考えてみましょう。機械学習と最適化は、それぞれ単体でもとても強力な手法ですが、両者を組み合わせることで、相乗効果で大きな恩恵が得られます。本節では、組合わせの建付け(サロゲート最適化)と、機械学習と最適化手法の選択の違いによって、結果にどのような違いが表れるかを考えます。

1.3.1 サロゲート最適化とは?

前項で見たように、最適化では、関数の試行を繰り返す必要がありました。関数の試行は、実際のプロセスを行い、結果を得ることに相当しますので、時間・人手・費用・材料などのコストがかかります。そこで、この関数を機械学習モデルに置き換えることで、最適化内での関数の試行を低コストに行うことができます。このような、関数をサロゲートモデルに置き換えて、そのモデルに対して最適化アルゴリズムを作用させる最適化を、**サロゲート最適化**と呼びます。最適化にかかるコストを大幅に削減することができます。

ただし、機械学習モデルを作成する場合には教師データが必要です。この教師データは、やはり実際の関数を実行して作成しますので、サロゲート最適化での最適化内では実際の関数の試行は必要ありませんが、機械学習モデルの作成には必要となります。したがって、必ずしもすべての場合でサロゲート最適化がコストの点で優位であるとは限らず、最適化アルゴリズムを直接実際の試行に作用させることで、教師データの作成に必要な試行回数よりも少ない回数で最適化できる場合もあります。

実際の関数に直接最適化アルゴリズムを作用させる直接最適化と、機械学習モデルを作成してそのモデルに最適化アルゴリズムを作用させるサロゲート最適化の特徴を表1.3.1にまとめます。直接最適化では、関数の試行結果に基づいて次の条件xを決めますので、実際の関数の試行は縦続的に順番に行わなければなりま

せん。一方、サロゲート最適化における実際の関数の試行は、機械学習モデルを作成するための教師データを生成するためのものですので、あらかじめ定めた条件セットで試行を行えばよいため、実際の関数の試行を並列して行うことができます。また、これまでに蓄積した既存データも教師データに使用することができます。データ取得範囲の観点では、直接最適化では、アルゴリズムが有望と判断した条件での関数の試行を逐次的に行うため、結果的に得られるデータは有望な条件に集中し、パラメータ空間では偏ったデータセットとなります。一方、サロゲート最適化では、一度機械学習モデルを作成するため、一般的にはパラメータ空間全域で満遍なくデータを取得します。このことは、ある意味有望でないデータも取得することになりますので、単一の目的に対するデータ取得の観点では非効率となります。この欠点を補う方法として、ベイズ最適化に代表される、データを取得しながら機械学習モデルを逐次的に更新するサロゲート最適化もあり、詳細は第3章で紹介します。また、異なる設定の最適化を複数回行う場合、直接最適化では、既存データの中から有望な条件を探索の初期値として用いることはできますが、設定が大きく異なる場合は、始めから最適化をやり直す、すなわち、新たにデータを取得し直す必要があります。一方、サロゲート最適化では関数の入出力が変わらなければ、機械学習モデルを変更することなくそのまま利用することができるため、追加でデータを取得する必要はなく、設定を変えた最適化を何度でも行うことができます。

表1.3.1　直接最適化とサロゲート最適化の比較

	直接最適化	サロゲート最適化
実際の関数の試行	直列	並列可
データ取得範囲	有望な条件のみで取得	多様な条件で取得
異なる設定の最適化	初めから試行し直し	機械学習モデルは共通利用可能

本項のまとめ

　機械学習と最適化を組合わせたサロゲート最適化には、次のような恩恵と特徴があります。

- サロゲート最適化は、機械学習と最適化を組合わせることで、高速・低コストに最適解を得ることができる
- 直接最適化とサロゲート最適化では表1.3.1のように特徴が異なる

1.3.2 機械学習手法と最適化アルゴリズムが異なると結果にどのような違いが表れるか?

本章の最後に、機械学習手法と最適化アルゴリズムの違いによってサロゲート最適化での最適解がどのように変わるかを見てみましょう。まず、機械学習手法の違いです。図1.3.1に1次元の最小化問題を考えます。ここでは機械学習手法として、非線形モデルと線形モデルの2つを考えます。1次元の回帰では、非線形モデルは曲線、線形モデルは直線で表します(図1.3.1中)。これらの回帰結果に対して、最適化をしてみましょう。すると図1.3.1右の矢印のように、機械学習が非線形モデルであった場合は、xの範囲の下限から少し内側に入った位置が最適解として得られました。一方、機械学習が線形モデルであった場合は、xの下限の値が最適解として得られました。このように、機械学習手法の違いによって得られる結果は異なります。なおこの結果は、非線形モデルの方が優れていることを表す結果ではなく、次の第2章で詳しく見るように、状況に応じて適切な機械学習手法を選択することが重要です。

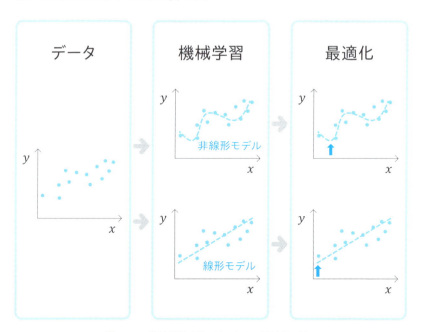

図1.3.1 機械学習手法の違いによる最適解の違い

次に、最適化手法の違いの影響です。機械学習は非線形モデルとして関数を推定したものとし、機械学習予測に対して最適化アルゴリズムを作用させます。網羅計算では、曲線の値をすべて計算しますので、曲線の最小位置を最適解として得ることができます。一方、最適化手法として勾配法を用い、初期値として、x の定義域の中央値を設定したとします。そうすると、中央の位置から曲線の勾配方向に従って探索が進み、その結果、右の極小位置が最適解として得られます。このように、機械学習手法が同じであったとしても、最適化手法によって得られる最適解は異なることがあります（図1.3.2）。なお、機械学習の場合と同様に、ここでの思考実験の結果は、網羅計算が常に優れていることを示すものではありません。第3章で見るように、関数の形状や可能な試行回数などの状況に応じて、適切な最適化手法を選択することが大切です。

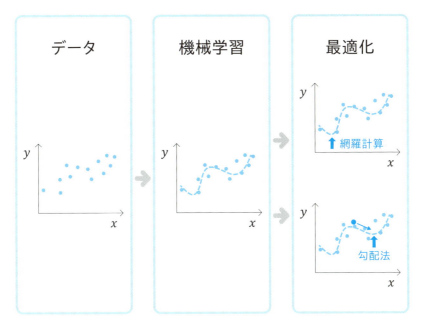

図1.3.2　最適化アルゴリズムの違いによる最適解の違い

本項のまとめ

手法の違いの影響：機械学習と最適化アルゴリズムの選択によって、得られる最適解が変わることがあります。状況に応じた手法選択が重要です。

なお、機械学習手法の選択については2.1節、2.3節を、最適化手法の選択については3.2節を参照してください。

第 2 章

機械学習の開発現場で起こる問題と解決へのアプローチ

図2.0.1 第2章の構成

　第2章では、機械学習を用いた実際の現場での課題解決において生じる問題について考えます。**図2.0.1**に本章の構成を示します。まず、機械学習の枠組みを決める段階で起こる問題について、2.1節と2.3節でモデル、2.2節でデータ、2.4節でパラメータを考えます。次に、教師データが得られた後の処理における問題について、2.5節で外れ値除去、2.6節で正規化、2.7節でlog変換、2.8節でデータ分割を考えます。最後に、機械学習モデルが得られた後の評価について、2.9節から2.11節でモデル評価について考えます。内容は、2.1節から順番に読んでいくことを想定していますが、読者が現在直面している課題に対応する節から読み始めても、すでによく理解している節を飛ばしても問題はありません。それでは一緒に機械学習の開発現場で起こる問題を解決していきましょう。

2.1 機械学習手法は何を使えばよいか？：目的の観点から

機械学習手法の選択は、機械学習応用の成否を決める非常に重要な過程です。しかし重要であるからこそ、手法の中身や工夫ばかりに目が行ってしまい、本来の目的や解決したかった課題からはピントが外れた解析や予測を行ってしまうこともしばしば見かけます。まず本節では、機械学習を行う目的の観点から、パラメトリックモデルとノンパラメトリックモデルの違い、そして統計解析と機械学習の違いを学びながら機械学習手法の選択方法について考えます。

2.1.1 パラメトリックモデルとノンパラメトリックモデルのどちらを使えばよいか？

　機械学習手法の選択を考える際、大本となる分類は何でしょうか。分類木を用いて機械学習手法の種類を分析した場合に、一番根元の分岐は何になるでしょうか。様々な分類の仕方がありますが、応用の観点からは、パラメトリックモデルを用いるか、ノンパラメトリックモデルを用いるかが一番初めの分岐になるでしょう（図2.1.1）。パラメトリックとノンパラメトリックの違いには様々な説明がありますが、最もわかりやすく言うと、特定の数式を定めてその係数を求める場合（パラメトリック）と特定の数式を定めない場合（ノンパラメトリック）と説明できます。

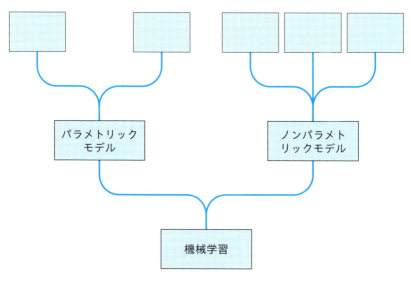

図2.1.1　応用の観点から機械学習の分類を表す分類木

　パラメトリック回帰には、理学や工学で、いわゆる「理論式でフィッティングする」と呼ばれる作業が含まれます。物理理論に基づいた数式を設定し、観測されたデータに最もよく合う数式内のフィッティングパラメータの値を、フィッティングによって求めます。フィッティングによって求められたパラメータ値は、物理量に対応しますので、この結果から物理的な知見を得ることができます。例えば、横軸に温度Tの逆数を取り、縦軸に反応速度kの対数を取ったアレニウスプロットに対して、次のアレニウス式に基づいて直線フィッティングさせることで、活性化エネルギーEを求めることができます（図2.1.2）。

$$\text{アレニウスの式}：k = A\exp\left(-\frac{E}{k_\mathrm{b}T}\right)$$

　ここで、k_bはボルツマン定数です。このフィッティングでは、アレニウスの式がフィッティング式、頻度係数Aと活性化エネルギーEがフィッティングパラメータとなり、異なる温度Tでkを測定して作成したTとkの関係のデータに対して、フィッティングが行われます。フィッティングで得られた直線の傾きから、活性化エネルギーEを求めることができます。活性化エネルギーは、対象の系における基礎的な物理量ですので、得られた値の大きさから物理的な考察を深める

ことができます。また同様に、得られた直線の切片から頻度係数Aを求めることができ、こちらもその値の大きさから、単位時間当たりの反応分子の衝突回数といった物理的な情報を引き出すことができます。さらに、フィッティングによって係数が得られ、アレニウス式が定まりましたので、この式に温度を代入することで、任意の温度における反応速度を予測することができます。このアレニウス式でのフィッティングも、データから法則（係数AとE）を見つけることですので、機械学習の1つです。また、アレニウス式に限らず、物理理論に基づいて設定した数式を用いて、データから数式中のパラメータ値を求めることは、機械学習と言えます。

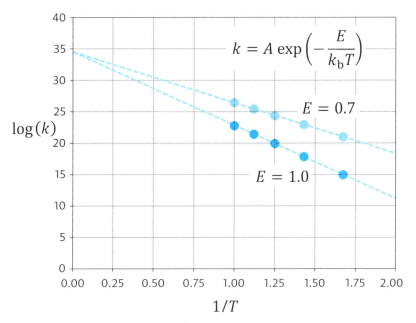

図2.1.2　アレニウスプロットに対するフィッティングの例

さらに、物理理論に基づく数式がなくとも、任意の数式を設定して、数式内のフィッティングパラメータをフィッティングによって求めることができます。例えば、多項式回帰では、xの各べき乗の項の係数をパラメータとして、データに最もよく合う係数が求められます。多項式回帰も、データから法則（各項の係数）を見つけることですので、機械学習の1つです（図2.1.3）。また、xのべき乗の項だけでなく、対数や指数の項、さらにはそれらの積などあらゆる数式を設定することができます（図2.1.4）。

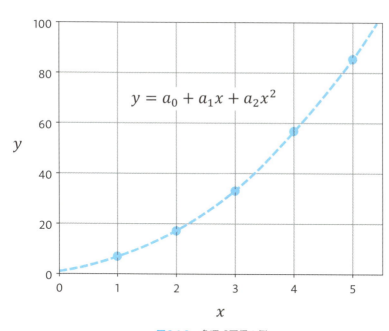

図2.1.3　多項式回帰の例

図2.1.4　パラメトリック回帰ではあらゆる形の数式を設定することができる

一方、ノンパラメトリック回帰は、特定の数式を定めない回帰方法です。ガウス過程回帰やサポートベクターマシン、ランダムフォレストなどが、ノンパラメトリック回帰にあたります。またニューラルネットワーク回帰は、膨大な数のフィッティングパラメータを持つパラメトリック回帰に相当しますが、パラメータ数が膨大すぎるため1つ1つのパラメータを細かく解析してそこから情報を得ようとすることや、設定した数式で関数の形を制限するようなことは行われませんので、応用面からはノンパラメトリック回帰と同様の特徴を持つと考えて差し支えないでしょう（図2.1.5）。

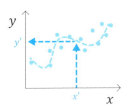

図2.1.5　パラメトリック回帰とノンパラメトリック回帰の違い

　表2.1.1にパラメトリック回帰とノンパラメトリック回帰の特徴を整理します。パラメトリック回帰は、数式が存在するため、設定した数式で表現できる範囲でしか関数形状を表せません。一方、ノンパラメトリック回帰は、（細かく言うとカーネル関数による制限などはありますが、）パラメトリック回帰と比較して柔軟な回帰を行うことができます（図2.1.6右）。情報抽出の観点では、パラメトリック回帰はアレニウスプロットの例で見たように、回帰で得られたパラメータ値から対象データの背後にある有益な情報を直接取得することができます。一方、ノンパラメトリック回帰は、そのような直接的な情報取得はできません。ただし、得られたモデルの構造や予測結果を解析することで、対象データの持つ情報を間接的に抽出することはできます。また外挿性の観点では、パラメトリック回帰は、

データのない領域においても数式で関数形状が表現されますので、数式に則った予測を行うことができます（図2.1.6左）。一方、ノンパラメトリック回帰は、データのない外挿領域に対する予測は、基本的には精度が低くなります。このような特徴を、解決したい課題、すなわち機械学習を導入する目的と照らし合わせて、機械学習手法を選択することが重要です。

表2.1.1　パラメトリック回帰とノンパラメトリック回帰の特徴

	パラメトリック回帰	ノンパラメトリック回帰
柔軟性	なし	あり
パラメータからの情報取得	あり	なし
外挿性	あり	なし

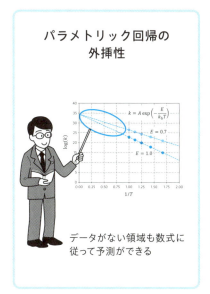

図2.1.6　パラメトリック回帰の外挿性とノンパラメトリック回帰の柔軟性

本項のまとめ

機械学習手法の選択を考える際に、応用の観点からは、パラメトリック回帰を用いるか、ノンパラメトリック回帰を用いるかが初めの分岐点となります。それぞれ表2.1.1のように特徴が異なりますので、機械学習の目的と照らし合わせた手法選択が大切です。

★ 関数の入力パラメータと学習パラメータ

第1章では、関数の入力パラメータ x と出力 y の関係を整理しましたが、ここで新しいパラメータとしてフィッティングパラメータが出てきました。このフィッティングパラメータは、関数のパラメータですが、x とは異なりますので、θ で表し、関数 $f(x, \theta)$ と書いて、x とは異なるパラメータであることがよく明示されます。それぞれ、

x：入力パラメータ、入力、説明変数など

θ：学習パラメータ、フィッティングパラメータ、モデルパラメータ、重みなど

と呼ばれますが、本書では以降、特別な場合を除いて、x を入力パラメータもしくは x、θ を学習パラメータもしくはモデルパラメータと呼びます（図 2.1.7）。ここまでに出てきた機械学習の式について整理すると、アレニウスの式では、T が入力パラメータ、A と E が学習パラメータ、多項式では、x が入力パラメータ、a_0, a_1, a_2 が学習パラメータでした。機械学習の学習時は学習パラメータが最適化のパラメータに、機械学習モデルを用いたサロゲート最適化時は入力パラメータが最適化のパラメータになります。また、機械学習の予測時は入力パラメータが予測の条件パラメータになります。このように、実際の機械学習応用では、頻繁に最適化や予測のパラメータが切り替わりますので、今行っている作業（学習、予測、サロゲート最適化など）では何がパラメータとなっているかを意識することが大切です。

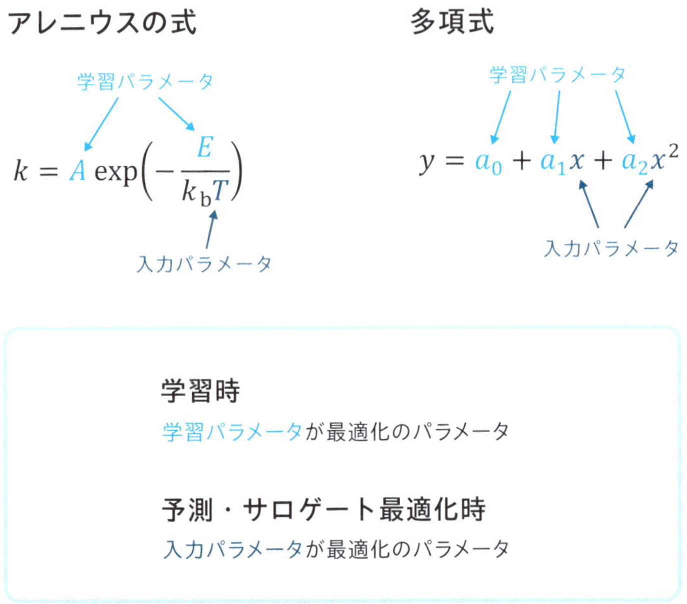

アレニウスの式

$$k = A \exp\left(-\frac{E}{k_\mathrm{b} T}\right)$$

A、E：学習パラメータ
T：入力パラメータ

多項式

$$y = a_0 + a_1 x + a_2 x^2$$

a_0, a_1, a_2：学習パラメータ
x：入力パラメータ

学習時
学習パラメータが最適化のパラメータ

予測・サロゲート最適化時
入力パラメータが最適化のパラメータ

図 2.1.7　関数の入力パラメータと学習パラメータ

結局、機械学習では何をやっているのか？
機械学習も一種の最適化？

先のImportantの「関数の入力パラメータと学習パラメータ」で唐突に「機械学習の学習時は学習パラメータが最適化のパラメータになる」と出てきて、これはどういう意味か？ となった読者もいるでしょう。ここまで、機械学習は「データから法則を導くこと」「パラメトリック回帰はいわゆるフィッティング」と説明してきましたが、具体的にどのように機械学習を行うかは説明してきませんでした。それではまず、フィッティングをどのようにするかを思い出してみましょう。フィッティングでは「最小二乗法」が用いられます。最小二乗法では、数式の値（パラメトリック回帰の予測値）とデータの値との差の二乗の和が最小になるように、フィッティングパラメータ（学習パラメータ）を調整します。

具体例として、図2.1.8のようにデータを2次関数でフィッティングする場合を考えてみましょう。この場合は、xのべき乗の項の係数 $\boldsymbol{\theta} = (\theta_0, \theta_1, \theta_2)$ がフィッティングパラメータとなります。そこで、$\boldsymbol{\theta}$の値の組合せを様々に変えて、最もデータによく当てはまる組合せを求めます。これがパラメトリック回帰の「学習」です。このとき、当てはまり具合を表す指標を損失関数といい、損失関数に予測値とデータ値との差の二乗の和を用いて最小化する場合を最小二乗法と呼びます。なお、和では大きな値になってしまい、二乗の平均値としても大小関係は変わらないため、二乗の和ではなく、平均二乗誤差（Mean Squared Error、MSE）も用いられます。また、平均二乗誤差以外にも、予測値とデータ値の差の絶対値の平均値である平均絶対誤差など他の関数が損失関数に用いられることもあります。またノンパラメトリック回帰の場合も同様に、回帰結果のデータへの当てはまり具合を表す損失関数に基づいて、パラメータを調節することで、学習がなされます。

さて、話を図2.1.8に戻して、$\boldsymbol{\theta}$の組合せを様々に変えて、MSEが最も小さくなる$\boldsymbol{\theta}$の組合せを探します。図示した中では、$\{\theta_0, \theta_1, \theta_2\} = \{0, 1, 2\}$の組合せのMSEが最も小さく、データに対して最も当てはまりが良いことがわかります。他の組合せではどうでしょうか？ $\boldsymbol{\theta}$の組合せを1つ1つ手で入力して、MSEの値を確かめることは大変です。実は私たちはこの作業を効率よく行う方法を知っています。そう、「最適化」です。$\boldsymbol{\theta}$をパラメータ、MSEを目的関数として、最適化を行うことで、MSEを最も小さくする$\boldsymbol{\theta}$を求めることができます。実際に、図2.1.8のデータに対して最適化アルゴリズムを用いて$\boldsymbol{\theta}$を求めると、$\{\theta_0, \theta_1, \theta_2\} = \{0.02, 0.99, 2.48\}$のときに、MSE = 357とMSEが最小となる最適解が求まりました。このように、実は機械学習の中で行われていることは、最適化なのです。機械学習の書籍に書かれている学習の方法を読んでいると、学習がいつの間にか最適化の話になっていて混乱することもありますが、このような理由からです。ただし、機械学習モデルの学習に用いられる最適化手法と、機械学習モデルの出力の最小（最大）化に用いられる最適化手法は、それぞれの特徴に応じて異なります。最適化手法の使い分けについて詳しくは、第3章の最適化で見ていきましょう。

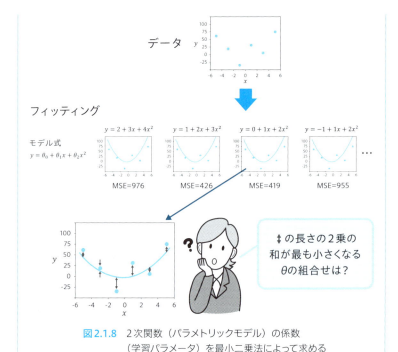

図2.1.8 2次関数（パラメトリックモデル）の係数
（学習パラメータ）を最小二乗法によって求める

★ 機械学習と統計解析の違いとは？

Important

機械学習と極めて近い分野に「統計解析」があります。例えば教科書で勉強しているときに、機械学習を勉強していたはずなのに統計解析の話が出てきたり、また統計解析の中に機械学習の教科書でよく見かける方法が書いてあったり、両者の関係は一見複雑です。実は、この両者は同じことを異なる方向から見ているだけで、やっていることは同じ「回帰」です。では、何が違うかというと、目的が違います（図2.1.9）。データが与えられて回帰を行った後に、統計解析では、説明することに重きを置きます。「このデータはこのような傾向があります」という説明をすることが主な目的です。一方、機械学習では、予測することに重きを置きます。第1章で見たように、「このxでは、このようなyが得られます」という予測をすることが主な目的です。表面的な言葉の違いに惑わされず、何をやっているかを把握することが大切です。

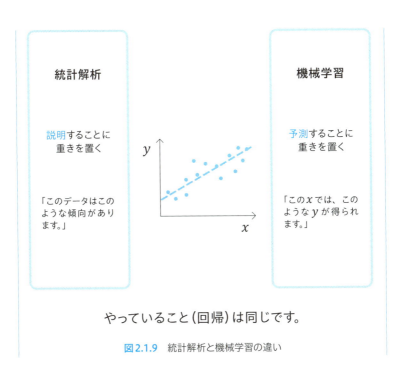

図 2.1.9　統計解析と機械学習の違い

2.1.2　目的の観点からは、機械学習手法は何を使えばよいか?

「どの機械学習手法を使えばよいですか?」は、機械学習応用で最もよく聞かれる質問の1つです。この質問に対する答えの1つは、「まず機械学習を行う目的を教えて(決めて)ください」です。今やりたいことは、未知の条件に対する予測なのか、パラメータの影響解析なのか、統計値取得なのか、など、その目的によって用いる手法が変わります。機械学習をやりたいと言われて、よくよく聞いてみると、やりたいことは実は統計解析であったということもよくあります。また目的が統計解析・パラメータの影響解析であったとしても、影響の「有無」を知りたいのか、影響の「強さ」を知りたいのか、影響の「正負」を知りたいのかによっても手法が変わります。

ここで、目的による手法選択における1つの指標となるのが、複雑さと解釈性の関係です。機械学習には一般的に、複雑な回帰が可能になるほど、その中身はブラックボックスに近づき、解釈性が低下する傾向があります。図2.1.10 に、複雑さと解釈性の観点で機械学習手法を整理します。各手法の説明は教科書[1]や

専門書[2]に譲りますが、もし機械学習を導入する目的がパラメータの影響解析など解釈性に関わることであるならば、この関係を頭に入れておく必要があります。

ただし、近年は、説明可能AI（XAI：explainable AI）の研究が活発に行われており、解釈性を高める様々な手法が開発されています[3]。例えば、機械学習モデルを作成した後に、そのモデルに対して解析を施し、特定のデータ周囲のパラメータ感度を評価することで、そのデータに対する判断根拠を分析するようなこともできるようになっています。ですので、たとえ機械学習モデル自身の解釈性が低いディープラーニングを用いたとしても、XAI手法の適用により、目的とする解釈性を得ることができるかもしれません。

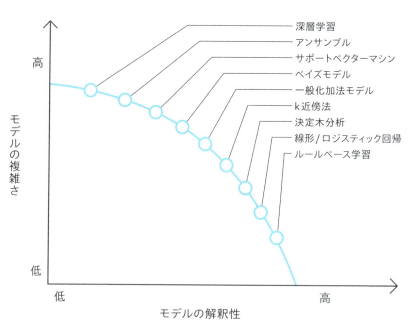

図2.1.10　モデルの複雑さと解釈性の関係。文献[4]図12を元に作成。

いずれにせよ本節で最も伝えたかったことは、まずは目的を決めてくださいということです。例えば、あなたがAIプロジェクトのマネジメントをする立場であったとします。「わが社では、これまでに多くのデータを蓄積してきたが、いまひとつこれらのデータを活かせていない。データを解析すれば、何か新しいことがわかるのではないか」と考え、AIエンジニアやデータサイエンティストに、解析を依頼することもあるでしょう。そのときに、ただデータを渡して、「何かわかることはありませんか？」と依頼するのは、良くありません（図2.1.11）。先に

触れたように、目的が変われば手法も変わりますので、AIエンジニアは困ってしまいます。それでも、AIエンジニアは考えをめぐらせて、何らかの解析を行い、結果を提示するかもしれません。しかし、AIプロジェクトマネージャーからすると、そもそもの目的が明確ではないため、目的と照らし合わせて解析結果の有効性・妥当性を判断することが難しく、結果が得られたまではよいがその結果をどのように扱えばよいかがわからず、次につながっていきません。まず先に課題があり、その課題に対してAIプロジェクトマネージャーが具体的な問題設定まで落とし込んだ後に、依頼することが、お互いの幸せのためにも大切でしょう。

本項のまとめ

機械学習手法の選択においては、まず目的を明確にすることが大切です。目的によって適した手法は変わります。そのうえで、機械学習を導入することの目的が統計解析・パラメータの影響解析に関わることであるならば、複雑さと解釈性の関係を頭に入れておく必要があります。

図2.1.11　悪いデータ解析依頼の例

Column 回帰以外の機械学習：クラス分類、教師なし学習、強化学習

本書では、機械学習モデルの出力が数値である「回帰」を主に扱います。機械学習には他に「クラス分類」があります。両者の相違は、回帰はモデルの出力yが数値であるのに対して、クラス分類は出力yがラベルであることです。一見、両者の違いは大きく、まったく異なる手法のように感じられますが、本質は同じです。図2.1.12のように、回帰はデータの傾向を表すような線を引くのに対して、クラス分類はデータの境界を表すような線を引くことに対応します。データに基づいて線を引く（＝機械学習モデルを作成する）という行為は同じです。したがって、本書で述べる回帰に対する様々なことは、多くの場合、同様にクラス分類にも当てはまります。機械学習としてクラス分類を用いたい方も、本書は「回帰のことしか書かれていないから関係ない」とは思わずに、「回帰」を「クラス分類」に置き替えて読み進めてください。

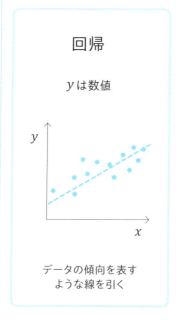
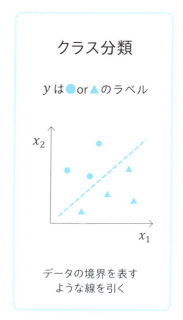

図2.1.12　回帰とクラス分類の相違

次に、「回帰」と「クラス分類」の分類に対して一段上の階層の話をしましょう。図2.1.13のように、一段上の階層では、回帰とクラス分類は「教師あり学習」に分類され、その他に「教師なし学習」と「強化学習」があります。さて、教師ありは理解できますが、機械"学習"であるのに教師がなしとはどういうことでしょうか？　人間であれば、先生がいなくても自習で学習することはできますが、コンピュータの世界の機械学習でも自習はできるのでしょうか？　実は、この階層の分類での「教師」とはyデータのことを指し

ます。教師あり学習の回帰では数値データが、クラス分類ではラベルデータがyデータとしてありました。ですので両者は教師あり学習となります。一方、教師なし学習はyデータがなく、xデータのみで学習します。例えば、xデータベクトルを比較して似ているデータの集団に分けるクラスタリングや、xデータの傾向をより少数のパラメータx'で表すような次元削減があります。詳細は専門テキスト[5]を参照してください。また強化学習は、定まったxとyのデータペアではなく、何度も試行ができる環境が与えられた場合に、より良い行動をとることができるようにする学習方法です。囲碁や将棋、コンピュータゲームなどのプレイ、ロボット制御などの最適化に用いられています。こちらも詳細は専門書[6]を参照してください。

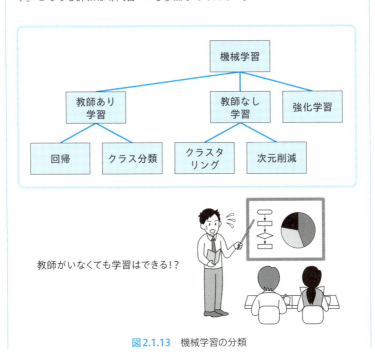

図2.1.13　機械学習の分類

[1] 総務省統計局, 統計学習指導のための補助教材, 機械学習（教師あり学習）, https://www.stat.go.jp/teacher/dl/pdf/c4learn/materials/fourth/dai3.pdf

[2] Trevor Hastie 著・Robert Tibshirani 著・Jerome Friedman 著・杉山 将 監訳・井手 剛 監訳・神嶌 敏弘 監訳・栗田 多喜夫 監訳・前田 英作 監訳・井尻 善久 訳・井手 剛 訳・岩田 具治 訳・金森 敬文 訳・兼村 厚範 訳・烏山 昌幸 訳・河原 吉伸 訳・木村 昭悟 訳・小西 嘉典 訳・酒井 智弥 訳・鈴木 大慈 訳・竹内 一郎 訳・玉木 徹 訳・出口 大輔 訳・冨岡 亮太 訳・波部 斉 訳・前田 新一 訳・持橋 大地 訳・山田 誠 訳, "統計的学習の基礎 ―データマイニング・推論・予測―", 共立出版 (2014).

[3] 森下光之助 著, "機械学習を解釈する技術〜予測力と説明力を両立する実践テクニック", 技術評論社 (2021).

[4] Alejandro Barredo Arrieta, Natalia Díaz-Rodríguez, Javier Del Ser, Adrien Bennetot, Siham Tabik, Alberto Barbado, Salvador Garcia, Sergio Gil-Lopez, Daniel Molina, Richard Benjamins, Raja Chatila, Francisco Herrera, "Explainable Artificial Intelligence (XAI): Concepts, taxonomies, opportunities and challenges toward responsible AI", Information Fusion 58, 82 (2020).

[5] 総務省統計局, 統計学習指導のための補助教材, 機械学習（教師なし学習）, https://www.stat.go.jp/teacher/dl/pdf/c4learn/materials/fourth/dai4.pdf

[6] 斎藤 康毅 著, "ゼロから作る Deep Learning ❹ ―強化学習編", オライリージャパン (2022).

2.2 どのくらいデータは必要なのか?

「どのくらいデータを取ればよいですか?」「精度を上げるには後どのくらいデータが必要ですか?」など、データ量に関する質問も、機械学習応用で最もよく聞かれる質問の1つです。データ量に関する質問に対して、まずは次の2つの質問を返します。「回帰する対象の複雑さはどの程度と見積もられますか?」「入力パラメータ数はいくつですか?」。本節では、機械学習におけるデータ数について、まず対象の複雑さと入力パラメータ数の影響を考え、次にデータの意味を、最後にデータ数の観点からの機械学習手法の選択を考えます。

2.2.1 対象の複雑さの影響は?

図2.2.1に、機械学習に必要なデータ数に対する学習対象の関数の複雑さの影響を模式的に示します。破線は、今我々が機械学習によって近似したい真の関数で、左図の関数に比べて右図の関数は複雑な形状です。これらの関数に対して観測を行うと、破線からy方向にノイズ分だけずれたデータ点が得られるとします。本項で考えたいことは、「これらの破線の形を大まかに知るためには、いくつデータ点が必要でしょうか?」です。皆さんならそれぞれいくつのデータ点が必要であると考えるでしょうか。左図の関数は、横軸xの増加に伴って、途中まではyも増加し、あるところからは減少に転じ、引いて見ると山が1つある形状です。このように、値が小、大、小と変化することを示すには、少なくとも3点のデータ点が必要です。さらに、2つ目のデータ点が必ずしも山の頂点位置にあるとは限りませんので、全体の傾向をとらえるためには、図のように5点は欲しいところです。さらに複雑な右図の場合では、真の関数は2つ山の形状を持ち、右の山の方が左の山よりも高いです。1つ山の場合と同様に、値が小、大、小、大、小と変化することをとらえるためには、少なくとも5点のデータ点が必要です。さらに、山の形状をより正確にとらえるためには、図のように10点程度のデータ点は欲しいところです。このような簡単な例からもわかるように、機械学習に必要なデータ数は、学習対象の関数の複雑さに強く依存します。関数が複雑なほど、より多くのデータ数が必要となります。このことはごく当たり前の帰結ですが、意外と頭から抜けてしまっていることがあります。

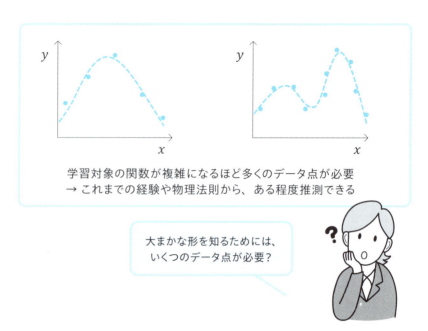

図2.2.1　機械学習に必要なデータ数に対する学習対象の関数の複雑さの影響

　このような必要なデータ数の話をすると、よく返ってくる返事が、「どのくらい関数が複雑かわかりません」です。しかし、ここであきらめてしまっては試合終了です。対象の系に対する専門知識（ドメイン知識）を駆使することで、関数の形状に対して推測できることがあるはずです。例えば、図2.2.2のように、温度を入力パラメータとして、反応生成物の量を出力する関数の回帰を考えてみましょう。このとき、類似の系においてすでにわかっている反応メカニズムから類推して、「温度が低すぎるときは反応が進まず、反応生成物量が少なくなる」、一方、「温度が高すぎる場合は、別の反応が進行してしまい、目的とする反応生成物量が少なくなる」と考えられる場合は、1つ山の関数形状を想定できます。山の頂点がどこにあるかや、山の幅がどの程度かはわかりませんが、大まかな関数形状は1つ山になると予想できます。このような関数形状の予想から、温度から対象の反応生成物量を予測する関数の機械学習に必要なデータ数が見積もれます。

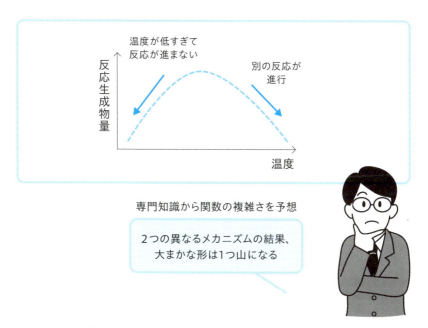

図2.2.2 物理的な考察による関数形状の見積もり（その1）

また別のケースとして、図2.2.3のように、対象とする反応は、「ある特定の狭い温度範囲でのみ特異的に生じる」とわかっていたとします。このとき運よく、少ないデータ点数で、反応が生じる生成物量が多い条件がたまたま選ばれて、局所的な山を発見できることもあるかもしれません。しかし原則として、データ点密度以上に細かい関数の変化はわかりません。この場合は、狭い温度範囲をとらえられるだけの密度でデータ点を取る必要があります。

ここでは、化学での反応生成実験を例に説明しましたが、様々な対象について、同様に背景にある科学法則から関数の形状を見積もることができる場合があるはずです。また科学的な裏付けがなくとも、過去の事例や同様の系からの類推によっても関数の形状を見積もることができるかもしれません。

また逆に、対象の系の関数の複雑さについて推測できない場合は、「今回のデータ数でわかる関数形状の複雑さはここまで」と、今回のデータを用いた機械学習によって得られる関数の最大の複雑さを考えることもできます。この情報も、実際の機械学習応用を考える上では重要なことになります。

このように、関数形状の複雑さに基づく必要なデータ数の見積もりには、機械学習の知識に加えて、対象の系に対するドメイン知識が決定的に重要です。したがって、このような見積もりは、AIエンジニアではなく、ドメイン知識を持った

AIプロジェクトマネージャーの仕事でしょう。

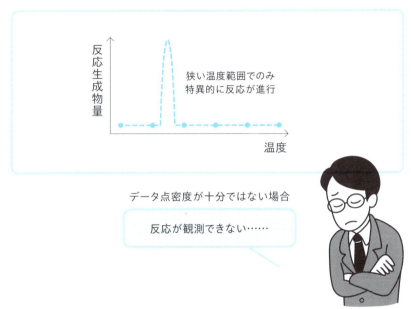

図2.2.3　物理的な考察による関数形状の見積もり（その2）

本項のまとめ

機械学習に必要なデータ数については、次のように、学習対象の関数の複雑さを考えることが大切です。
- 機械学習に必要なデータ数は、対象の関数の複雑さに強く依存し、複雑なほど必要なデータ数は多い。
- 対象の関数の複雑さは、対象の系に対するドメイン知識によって、ある程度推測できる場合もある。
- 逆に考え、今回のデータ数でわかる関数の最大の複雑さを見積もることも有用。

2.2.2　入力パラメータ数の影響は?

関数の複雑さの次は、入力パラメータ数の影響です。図2.2.4に、機械学習に必要なデータ数に対する入力パラメータ数の影響を模式的に示します。ここでの

入力パラメータ数とは、入力パラメータ x が複数の要素を持つベクトル変数であり、その要素数のことです。直観的には、回帰関数を形成する空間の次元数と考えるとわかりやすいです。図2.2.4のように、入力パラメータ数が1のときは、関数は1つの x 軸に対する曲線となります。入力パラメータ数が2のときは、関数は2次元の x に対する曲面となります。ここで今私たちが考えたいことは、「それぞれの回帰関数の形状をとらえるのに必要なデータ数」ですが、明らかに2次元の方が必要なデータ数が多いことがわかります。

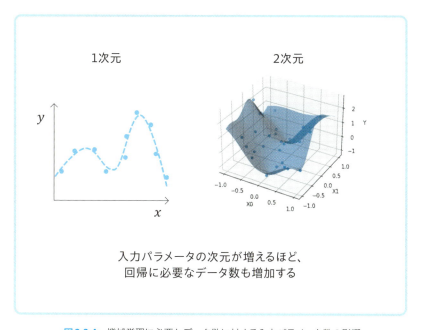

図2.2.4　機械学習に必要なデータ数に対する入力パラメータ数の影響

もう少し詳しく、必要なデータ数について考えてみましょう。図2.2.5は、格子状（グリッド）に等間隔でデータを取る場合のデータ数について、入力パラメータ数（次元数）と格子の細かさ（水準数）の影響をまとめたものです。2次元の場合のデータ点の分布を図示していますが、2次元で2水準のときは2×2=4点、2次元で3水準のときは3×3=9点、2次元で5水準のときは5×5=25点、2次元で10水準のときは10×10=100点となります。一般式は、次元数を n、水準数を m とすると、データ数 D は、次の式で表されます。

$$\text{データ数と次元数、水準数の関係：} D = m^n \quad \text{(式2.2.1)}$$

次元数、水準数ともに増加するほど、データ数も増加します。しかし、増加の程度は大きく異なります。2と10の組合せで比較すると、2次元10水準では100に対して、10次元2水準では1024と、次元数に対しては指数関数で増加します。2水準であったとしてもわずか30次元で、1.07×10^9と、膨大なデータ数になってしまいます。このようなデータ数の増加は、いわゆる「次元の呪い」と呼ばれ、次元数が増加すると爆発的に必要なデータが増加してしまいます。

　この次元の呪いがどれほど恐ろしいかを簡単に見積もってみましょう。2024年に全世界で生成、取得、複製、消費されるデータ量は約150ゼタバイト$= 1.5 \times 10^{23}$バイトにのぼります[1]。いま、1つのデータ点当たり4バイトの浮動小数点数型でデータを記録したとしましょう。すると150ゼタバイトでは、3.8×10^{22}のデータ点数の情報に相当します。一方、先ほどのグリッドでのデータ取得の場合では、わずか30次元でも、5水準で9.0×10^{20}、6水準で2.2×10^{23}となり、6水準ですでに全世界のデータ量の10倍ものデータ量になってしまいます。このようなデータはすでに解析することもできませんし、そもそも保管するストレージが地球上にはありません。実際の応用では、ラテン超方格法など、格子状よりも効率的なデータ点の取得を行うことでデータ点数を減らすことが行われますが、次元数と水準数に対する傾向は変わりません。実際の系に対して機械学習を行う際は、様々なパラメータの影響を考慮したくなるため、ついつい影響がありそうなパラメータは何でも採用しがちですが、パラメータ数を増やすことには常に次元の呪いが付きまといますので注意が必要です。またパラメータ数を決める際に、この図2.2.5の表のような式2.2.1に従って見積もられた必要なデータ数は重要な目安になります。

　また逆に、これから行う実験やシミュレーションにおいて、取得できるデータ数の方が先に決まっている場合もあるでしょう。その場合は、前項で述べた関数の複雑さから水準数を決めれば、今回の取得可能なデータ数において考慮可能な入力パラメータ次元を見積もることができます。このように、取得可能なデータ数から考慮可能なパラメータ数を決める問題設定作業も実用では非常に役に立ちます。

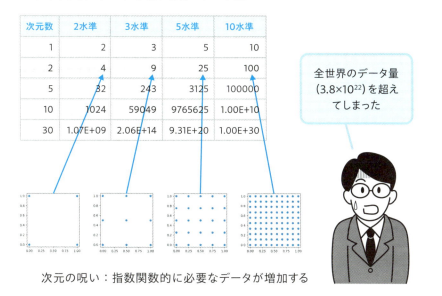

図 2.2.5　グリッド状にデータを取る場合のデータ数

本項のまとめ

機械学習に必要なデータ数については、次のように、入力パラメータの数（次元）を考えることが大切です。

- 機械学習に必要なデータ数は、入力パラメータ数に依存し、パラメータ数に対して指数関数的に増加する。
- これから取得できるデータ数から逆に、考慮可能な入力パラメータ数を見積もることもできる。

2.2.3　データは多ければ多いほどよいか？

前項、前々項では、少なくとも必要なデータ数の話をしました。ではデータが十分多ければ問題はないのでしょうか。機械学習においては、「データは多ければ多いほどよい」とよく言われ、普遍的な真実のように思われます。しかし、このときの「データの多さ」には2種類の意味があり、その違いによって内容がまったく異なりますので、注意が必要です。

「データの多さ」の2種類の意味は、「データ数」と「入力パラメータ数」です（図2.2.6）。データ数は機械学習の予測精度と密接な関係があり、一般的にはデータ数が多ければ多いほど、予測精度は向上する傾向があります。一方、入力パラメータ数は前項で見たように、増えれば増えるほど、機械学習に必要なデータ数は増加してしまいます。つまり、取得データ数が同じであった場合、入力パラメータ数の増加は必要なデータ数を増加させ、必要なデータ数に対する取得データ数の比を下げますので、機械学習の予測精度の低下を招く可能性があります。

近年は、IoTの発展によって、様々な種類の多数のセンサーからのデータを集め、使える形のデータセットとして管理することが容易になってきています。しばしば機械学習の文脈でIoTと絡めて、「多様なデータを用いることでより高精度な予測を実現する」というアプローチを見かけます。もし、出力に決定的な影響を持つ入力パラメータがこれまでは見逃されており、新規センサーによってその情報を入力パラメータとして用いることができるようになったとしたら、確かに機械学習の予測精度向上に大きく貢献するでしょう。また、様々なセンサーからの多様な入力パラメータを用いて作成した機械学習モデルに対して、パラメータ影響の解析を行うことで、出力に影響する因子を抽出することもできるでしょう。しかし、これらの恩恵には、十分なデータ数があるという前提があります。センサーの数を増やしてデータを増やすという行為は、データ数の増加ではなく、パラメータ数の増加に相当します。したがって、予測精度が上がらない理由がデータ数の不足にある場合は、センサー数を増やしても予測精度は上がらず、むしろ逆効果となります。また、センサーを増やしてパラメータ数を増やした場合は、Lasso回帰などの入力パラメータ数が多い状況に適した機械学習手法を適切に使用することも大切です。

データは多ければ多いほどよい？

センサーをたくさん取り付けてデータを増やす
→ ○ 入力パラメータ数の増加
→ × データ数の増加

十分なデータ数があれば
予測精度向上や影響解析が可能

実験をたくさん行ってデータ数を増やす
→ ○ データ数の増加

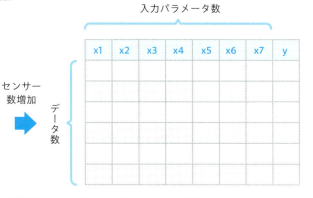

図2.2.6　入力パラメータ数とデータ数の意味

本項のまとめ

「データの多さ」には、次のような落とし穴がありますので、注意が必要です。

- 「データの多さ」には、「データ数」と「入力パラメータ数」の2種類の意味がある
- センサー数を増やすなどのデータ増強は、「入力パラメータ数」の増加に相当するため、注意が必要

---

[1] Volume of data/information created, captured, copied, and consumed worldwide from 2010 to 2023, with forecasts from 2024 to 2028、https://www.statista.com/statistics/871513/worldwide-data-created

2.3 リッチなモデルは正義か?

2.2節では、学習対象の関数の複雑さの観点からその関数を近似するのに必要なデータ数を議論しました。次は、十分なデータ数がある場合を考えましょう。この場合は、関数の複雑さを十分に表現できる機械学習手法が必要になります。では、機械学習モデルは複雑（リッチ）であればあるほどよいのでしょうか。本節では、機械学習モデルの複雑さについて、最近の研究トピックスを紹介したのち、実際の応用時に知っておいた方がよいことを議論します。

2.3.1 リッチなモデルの恩恵

近年のAIの爆発的な発展は、深層学習において学習時に調整する学習パラメータの数が飛躍的に増え、より複雑で入り組んだ関係をモデル化できるようになったことが理由の1つです。従来、データ数に比べて機械学習モデルの学習パラメータ数が多すぎる場合は、過学習が生じ、予測精度が低下することが常識として知られていました。しかし、深層学習においてデータ数が十分にある状況では、図2.3.1のように、学習パラメータ数を増やしていくと、予測誤差は適切なパラメータ数で極小を取ったのち過学習によって一度増加しますが、さらに学習パラメータ数を増やしてモデルを大規模にすると再び減少に転じ、最終的にはパラメータ数の少ない小さなモデルでの極小よりも低い予測誤差に達することが報告されました[1]。つまり、これまでは、機械学習モデルは複雑になりすぎないように適切な学習パラメータ数に抑えることが常識でしたが、大量データ・大規模モデルの世界では、より大規模なモデルの方が、予測精度が上がるという新しい常識が生まれました。このことは、より大規模なモデルを作成することの大きな動機となり、今日までのモデルの大規模化競争へと続いています。

さらに最近、大規模言語モデルの研究において、学習パラメータ数の増加とともにあるところから突然性能が向上する"創発性"が報告されました（図2.3.2）[2]。物理学における相転移のように、不連続的に大きく変化することが述べられています。ただし、創発性についてはモデル評価の仕方によって突然性能が向上しているように見えているだけで、連続的に向上しているという報告もあります[3]。いずれにしても大規模な機械学習モデルほど性能が高い傾向があることを示す結

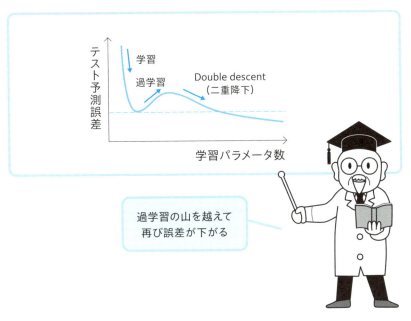

図2.3.1　深層学習の二重降下

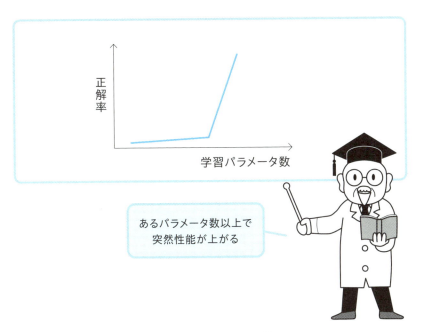

図2.3.2　深層学習の創発性

果であり、やはり機械学習モデルの大規模化を後押しする結果です。

本項のまとめ

深層学習に関する最近の研究では、次のことが報告されています。

- 深層学習では、データ数が十分にある場合、モデルが大規模になるほど、予測精度も向上する傾向がある。

2.3.2 学習の観点からは、機械学習手法は何を使えばよいのか?

前項で見たように、より大規模でリッチな機械学習モデルほど複雑な表現が可能であり、予測精度が高い傾向があります。それでは、どのような場合にもモデルはリッチであればあるほどよいのでしょうか。ここでは2つの気を付けるべきことがあります。

1つは過学習です。前項で紹介した過学習の山を越えた性能向上は、ノイズの影響をキャンセルできるほどデータが十分に多いときに起こる現象です。しかし実際の応用では、そのように多くのデータを集められることは、まれではないでしょうか。データ数が多くない場合に機械学習モデルを複雑にしすぎることは、過学習を招きますので、学習パラメータ数の削減や正則化など適切な対応が必要です。

もう1つの気を付けるべきことは、学習に要する時間です。より複雑な表現が可能なリッチなモデルほど、学習パラメータの数が多くなり、学習に要する時間が増加します。機械学習では、学習パラメータに加えて、ハイパーパラメータの最適化も必要であり、ハイパーパラメータを変えて繰り返し学習を行うため、1回当たりの学習時間の増加は深刻な問題です。十分な学習時間がある場合は、リッチなモデルの方が最終的な性能は高くなりますが、現実的に使える時間内では、よりシンプルなモデルを用いた方が、結果的に得られる精度が高い場合もあります（図2.3.3）。「大は小を兼ねる」の精神でついついモデルを複雑にしてしまいがちですが、学習にかかる時間も実践的な応用では考慮すべき要素となります。

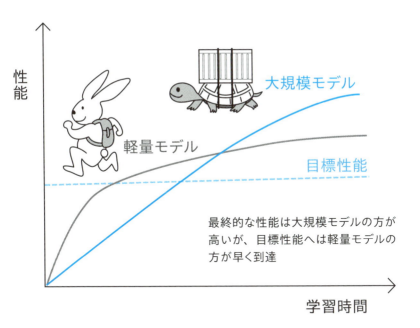

図2.3.3　学習時間に対する性能の向上

本項のまとめ

　機械学習手法、モデルサイズについて、大規模モデルほど高性能である一方で、実際の応用では、状況と照らし合わせて次のことも頭に入れておくことが大切です。

- ノイズの影響をキャンセルできるほどのデータ数がない場合は、過学習への対応が必須
- 大規模モデルほど学習に要する時間が長くなるため、性能と学習時間のバランスへの考慮も場合によっては必要

---

[1] Preetum Nakkiran, Gal Kaplun, Yamini Bansal, Tristan Yang, Boaz Barak, Ilya Sutskever, "Deep double descent: where bigger models and more data hurt", J. Stat. Mech. 124003（2021）.

[2] Jason Wei, Yi Tay, Rishi Bommasani, Colin Raffel, Barret Zoph, Sebastian Borgeaud, Dani Yogatama, Maarten Bosma, Denny Zhou, Donald Metzler, Ed H. Chi, Tatsunori Hashimoto, Oriol Vinyals, Percy Liang, Jeff Dean, William Fedus, "Emergent Abilities of Large Language Models", arXiv:2206.07682, https://doi.org/10.48550/arXiv.2206.07682

[3] Rylan Schaeffer, Brando Miranda, Sanmi Koyejo, "Are Emergent Abilities of Large Language Models a Mirage?", arXiv:2304.15004, https://doi.org/10.48550/arXiv.2304.15004

2.4 入力パラメータは どのように選べばよいか?

2.2節では、データ数に限りがある場合は、入力パラメータ数を「データ数」と「対象の関数の複雑さ」に応じた数に留めることの必要性を学びました。すなわち、入力パラメータを取捨選択する必要があることを意味します。それでは、入力パラメータ候補が多くある場合は、どのように機械学習に用いる入力パラメータを選べばよいでしょうか。本節では、著者らが取り組んだ実際の事例を見ながら、入力パラメータの意味、入力パラメータの数、入力パラメータの選択についてそれぞれ考えます。

2.4.1 意味のある入力パラメータとは①：失敗から学ぶ

本項では、著者らが取り組んだ、機械学習による結晶方位予測の事例[1-4]を通して、機械学習における入力パラメータの意味を考えましょう。金属や半導体といった結晶材料の評価において、試料表面での結晶方位分布は基礎的な評価項目です。結晶方位解析には、走査型電子顕微鏡（Scanning Electron Microscope（SEM））での電子線後方散乱法（Electron Backscattered Diffraction Pattern（EBSD））を用いた方法が広く用いられていますが、この方法は電子顕微鏡内に入れられる小さなサイズの試料しか測定できないことや、試料表面の1点1点での回折パターン（菊池線パターン）を取得して、そのパターンを解析して結晶方位を決定するため、結晶方位分布を得るのに時間がかかるといった課題がありました（図2.4.1）。

そこで著者らのグループでは、試料表面の結晶粒パターンの光学像（写真）から、機械学習を用いて結晶方位分布を予測することを考えました（図2.4.2）。ちょうどこの課題に取り組み始めた2018年頃に、機械学習を用いた白黒写真のカラー化が世の中で注目されており、同様の手法を用いれば、結晶ウェハの写真から、結晶方位に対応する色で彩色した結晶方位分布画像が得られるのではと考えたわけです。ウェハの写真を撮ることは、従来のSEM-EBSD法と比較すると格段に容易ですし、カメラのレンズを交換することで、大面積から小面積まで様々なサイズのウェハを評価することができます。

SEM-EBSD法

SEM

菊池線パターン

電子線回折を用いて方位解析

課題
- 測定できるサンプルが小さい
- 測定に非常に時間がかかる

図2.4.1　SEM-EBSD法の説明と課題

白黒写真

カラー写真

機械学習による
カラー化※

ウェハの写真

結晶方位分布

(111)
(001)　(101)

機械学習に
よる予測

図2.4.2　機械学習による白黒写真のカラー化と機械学習による結晶方位分布予測

出典　Instance-aware Image Colorization
URL　https://cgv.cs.nthu.edu.tw/InstColorization_data/InstaColorization.pdf
※本書は2色刷りですので、実際のカラー画像は付属データでご確認ください。

いくつかの機械学習手法を検討した中で、まず、わかりやすい失敗の例を紹介しましょう。この例では、色で結晶方位を表す逆極点図を、代表的な結晶方位を中心とした9つの領域に分け、入力画像（ウェハ写真）の各ピクセルの結晶方位がどの領域に入るかを予測するという9クラスのセグメンテーションとして問題設定しました（図2.4.3）。

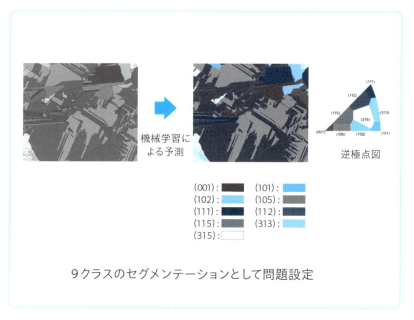

図2.4.3　結晶方位予測を9クラスのセグメンテーション問題として定義

しかし、この問題設定の機械学習では、いくら機械学習アーキテクチャを工夫しようとも、ハイパーパラメータを調整しようとも、まったく予測精度が向上しませんでした。そして検討の結果、予測精度が向上しない理由が2つあることがわかりました。

失敗の理由 - その1

1つ目の理由は、データの偏りでした。図2.4.4に、この学習に用いた教師データ内の結晶粒の9方位クラスの割合を示します。今回用いたデータは、(112)方位の結晶粒の割合が26%と他の結晶方位に比べて多いデータでした。そのためこの学習では、すべての結晶粒を(112)と予測するモデルが得られました。結晶方位をランダムな9クラスで答えた場合は、正答率が1/9で約11%となります

が、すべてを(112)と答えることで、正答率が(112)方位の結晶粒の割合の26%となりますので、このデータの偏りを学習した予測モデルができあがりました。このような結果を受けてデータの偏りを解消する方法も検討しながら、精度向上を進めましたが、結局、予測精度が26%より向上することはありませんでした。その原因は次の理由にありました。

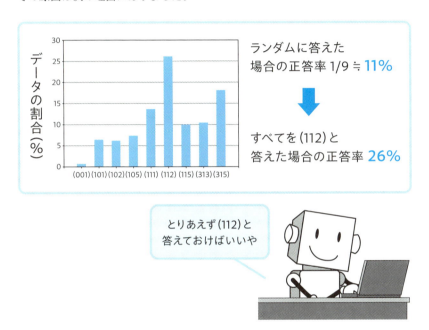

図2.4.4　失敗の理由①：データの偏り

失敗の理由 - その2

　失敗の理由の2つ目は予測するための情報の不足です。そもそも「入力パラメータの結晶粒形状から、機械学習の出力である結晶方位はわかるのか？」という問題です。この問題設定をした当初は、図2.4.5の結晶粒形状のように、多数存在する直線的な結晶粒形状は結晶方位を反映しているため、機械学習では、直線形状を抽出して、それらの配置関係から結晶方位を予測することができるのでは、と考えました。しかし、冷静になってよく考えてみると、そもそも結晶粒形状から結晶方位を一意に定めることはできないことがわかりました。ウェハの製造工程で、結晶粒はランダムな位置にランダムなタイミングで形成され、それらの結晶粒が成長して、最終的な形状が形成されます。この過程はエネルギー的に

安定な結晶粒形状に向かう遷移過程と見ることができますが、必ずしもエネルギー的に最安定な形状に到達しているとは限りませんので、結晶方位が与えられたときに、結晶粒形状は一意には定まらないと考えられます。したがって、結晶粒形状から結晶方位も一意に定まらず、結晶方位を予測するために結晶粒形状だけでは情報が足りませんでした。つまり、結晶方位を予測する機械学習モデルの入力パラメータとして、結晶粒形状だけでは不足であったということです。

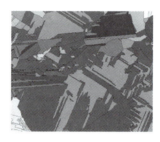

図2.4.5　失敗の理由②：情報の不足

本項のまとめ

本項で紹介した結晶方位を予測する機械学習における失敗のように、機械学習では一般に次のことが言えます。

- 機械学習の入力パラメータには、出力を予測するための十分な情報を含んでいる必要がある。

2.4.2 意味のある入力パラメータとは②：物理的な根拠から考える

以上のような失敗を経て、物理的な根拠に基づいて、結晶方位を予測するのに十分な情報を含む入力パラメータを考案しました（図2.4.6）。まず、測定を行うウェハ表面に選択性エッチングを施し、結晶方位を反映した表面微細構造を形成します。このような微細構造は特定の方向から入射した光に対しては強い光反射を起こすため、光反射率が光入射方向依存性を持ちます。そこで、ウェハ垂直方向に設置したカメラで、様々な方向から入射させた光に対する光学像を取得することで、各ピクセルの光入射方向に対する反射光強度プロファイルを取得しました。この反射光強度プロファイルを入力パラメータとして用いて、結晶方位を予測する機械学習モデルを構築しました。

まとめると、結晶方位を予測する機械学習モデルの入力パラメータとして、次のように比較できます。

　結晶粒形状：結晶方位を一意に決めるためには情報が足りない
　反射光強度プロファイル：物理的な根拠に基づいて結晶方位を決めるために十分な情報を持つ

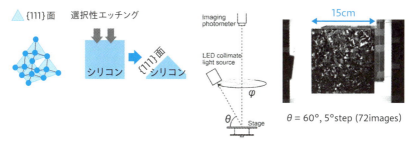

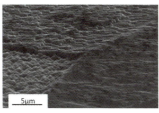

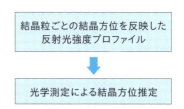

物理的な根拠に基づいた情報を使う

図2.4.6　結晶方位を予測するために十分な情報

なお、理想的な表面微細構造が形成された場合の光強度プロファイルを光学的な解析に基づいて計算することもでき、その計算結果を用いて結晶方位を予測することもできます。しかし、実際のウェハでは、サイズと形状が均一に揃った理想的な表面微細構造を形成できないため、測定された光強度プロファイルは理論的なプロファイルとは異なります。そのため、理論的な計算によって結晶方位を高い角度精度で予測することは困難でした。そこで、あらかじめ別に結晶方位を測定した教師データウェハを用意し、このウェハに対する光強度プロファイルの測定結果を用いて、機械学習モデルを作成しました。

　加えて、出力変数も意味のある形式とすることで、機械学習の予測精度を向上させました。一般的には、結晶方位の表記にはオイラー角が用いられます（図2.4.7左）。オイラー角は、3次元の結晶方位を3つの回転角度の組で表記する方法で、まず北極を指すベクトルを軸に$\phi1$度回転させ、次に回転によって変換された水平ベクトルを軸にθ度傾斜させ、その結果変換された北極を指すベクトル軸周りに$\phi2$度回転させる変換です（ただし、オイラー角の中にもいくつかの表記方法が存在します）。このオイラー角表記に対して、立方晶系での結晶方位データ分布（N個のランダムに生成した回転操作の分布）を図2.4.7中に示します。立方晶系では等価な結晶方位が複数存在するため、オイラー角空間ではデータは均一に分布しません（不連続な領域が存在する）。このような不均一かつ不連続なデータは一般的に機械学習の予測精度の低下を招きます。加えてオイラー角のより深刻な問題は、近い結晶方位がオイラー角空間では必ずしも近くに位置しないということです。例えば、$\phi1$と$\phi2$では、180度と-180度の回転操作は等価ですが、オイラー角空間では空間の端同士で遠い位置に配置されます。また無操作に対応する位置も、$\theta = 0$かつ$\phi1 = -\phi2$、の条件を満たす線上に分布し、極地では結晶方位の表記が一意に定まらないという問題もあります。このように結晶方位予測の出力変数の表記方法として、オイラー角は不適切でした。

　そこでこの研究では、四元数による表記を導入しました。四元数の詳細な説明は専門の解説[5]に譲りますが、3次元座標の変換操作を4つの数字で表す方法です。情報的には変数の数が過多ですので、4つの数字の間には2乗和が1という制約が入り、4つの数字のうち3つのみで結晶方位は決まります。図2.4.7右に、四元数空間での図2.4.7中と同じ立方晶系の結晶方位データの分布を示します。オイラー角空間とは異なり、四元数空間ではデータが一様に分布していることがわかります。一般的に、このような均一データは学習が容易になります。また四元数空間では、原点が無操作（結晶方位と観察系の単位ベクトルが一致）に対応し、原点から離れるほど大角度での変換操作となります。また似ている結晶方位は、四元数空間では近くに配置されます。したがって、予測する出力変数は連続

的に変化するため、より機械学習モデルの予測も容易となり、結果的に予測精度も向上します。このように、出力変数に物理的な観点から機械学習にとってより有効な表記方法（変数変換）を用いることも、機械学習モデルの予測精度向上には効果的です。また同様のことは、入力パラメータについても言え、2.6、2.7節で後述するようなよく用いられる変数変換の他に、表記方法を物理的な観点から定めることも機械学習モデルの予測精度向上に有効な場合があります。

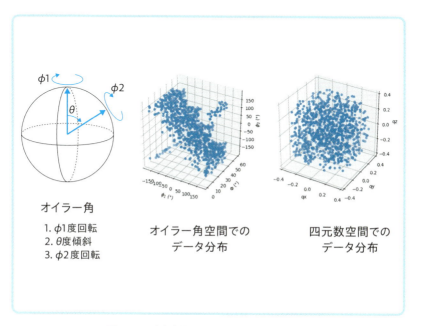

図2.4.7　出力変数の表現：オイラー角と四元数

本項のまとめ

本項で紹介した結晶方位を予測する機械学習における改善策のように、実際の機械学習応用では次のことが言えます。
- 機械学習の入力パラメータの選択の際には、物理的な根拠から出力を予測するに足る情報を含むかどうかを考えることは役に立つ
- 機械学習の入力パラメータ、出力変数の表現方法を、物理的な観点から定めることも有効な場合がある

2.4.3 入力パラメータはどのように選べばよいか？

ここまで、結晶方位予測を例に、入力パラメータの意味と数を考えてきました。本項では、さらに別の事例「結晶成長パラメータによるシリコン単結晶中の酸素不純物濃度の予測」[6]を紹介しながら、入力パラメータの選択について考えてみましょう。

シリコンウェハは、パソコン、スマートフォン、電化製品などでの演算から、太陽電池、コンバータなどでのエネルギー変換まで、現代社会に欠かせない基幹半導体材料です。これらの製品で用いられているシリコンウェハを切り出す元のシリコン単結晶インゴットは、ほとんどがチョクラルスキー法と呼ばれる方法によって作製されています（図2.4.8）。このシリコン単結晶中の酸素不純物は、ウェハの機械的強度や金属不純物のゲッタリング能力に寄与する重要な不純物であり、ウェハ用途に応じて適切な濃度範囲に制御することが求められます。しかし、酸素不純物は電気抵抗率を調整するために原料に添加するドーパント不純物とは異なり、複雑な過程で結晶に取り込まれるため、所望の酸素不純物濃度の結

図2.4.8　チョクラルスキー法によるシリコン単結晶の育成
©グローバルウェーハズ・ジャパン株式会社

出典 グローバルウェーハズ・ジャパン株式会社：単結晶引き上げ（CZ法）より引用
URL https://www.sas-globalwafers.co.jp/technical/manufacturing.html

晶インゴットを作製するにはチョクラルスキー法における結晶成長パラメータの緻密な制御が必要です。従来は、結晶成長の熱流体シミュレーションによって、個々のパラメータの影響が調べられてきました。しかし、精密なシミュレーションには長時間を要するため、膨大なパラメータの影響をすべて調べることは困難でした。

そこで著者らは、実際のシリコン単結晶インゴットの過去の作製データと酸素不純物濃度の測定結果を、機械学習によって関係づけることで、作製データから酸素不純物濃度を予測することを試みました。ここで重要なポイントは、何を入力パラメータとするかでした。酸素不純物濃度に影響を及ぼすと考えられる入力パラメータの候補は膨大にありました。この候補から何を取り、何を捨てるかの取捨選択が重要でした。

まず、取捨選択の「捨」から説明します。今回用いた作製データの入力パラメータは互いに独立ではなく、相関関係を持つ入力パラメータのペアがいくつかありました。例えば、インゴットの作製時間とインゴット長さ、ヒータ出力とヒータ温度などのペアは強い正の相関があります。このような強い相関を持つ入力パラメータは、片方の値からもう片方の値を比例関係で簡単に求めることができますので、出力変数を予測するための情報としては片方の情報があれば十分です。むしろ逆に、両方を入力パラメータとして用いることで、学習が不安定になります。ここではこれ以上の説明はしませんが、学習が不安定になる理由は「多重共線性」で調べてください。そこでこの事例では、入力パラメータ候補のすべての組合せペアについて相関係数を求め、相関係数が高いペアのうち片方は入力パラメータとして用いないというパラメータ選択を行いました。加えて、前項で述べたように、エンジニアが持つシリコン単結晶インゴット作製についての専門知識を用いて、物理的な見地から酸素不純物濃度に影響がないと判断されるパラメータを機械学習の入力パラメータ候補から除きました。

次に、取捨選択の「取」を説明します。シリコン単結晶インゴットの成長は時間とともに変化する工程であり、作製データも時系列のデータとなります（図2.4.9）。この時系列データの中で、結晶成長時における結晶引き上げ速度や坩堝回転速度などの「制御パラメータ」に加えて、結晶直径、炉内温度などの観測値である「モニタパラメータ」を機械学習の入力パラメータに用いることで、単結晶インゴット中の酸素不純物濃度を高精度に予測しました。モニタパラメータは直接的には制御をしていませんが、酸素不純物濃度に影響を与える炉内環境の微妙な変化を反映している可能性を考慮して、入力パラメータに加えました。例えば、同じヒータ出力であったとしても、炉内環境の違いによって計測される炉内温度が異なることがあります。さらに、カーボンヒータやカーボン坩堝の使用回

数といった「固定パラメータ」を入力パラメータに追加することで、予測精度を向上させました。これらの固定パラメータは、1つのインゴット作製中には変化せず時系列パラメータではありませんが、インゴットごとに異なる値を持ちます。ヒータや坩堝などは、使用によって少しずつ物性が変わりますので、使用回数を入力パラメータとして用いることで、その影響を反映させました。

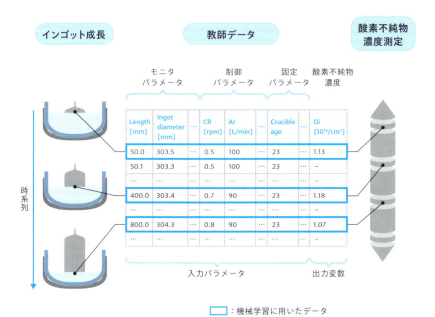

図2.4.9　シリコン単結晶インゴット中の酸素不純物濃度を予測する機械学習に用いたデータの説明

　図2.4.10に、制御パラメータのみを入力パラメータに用いた場合と、制御・モニタ・固定パラメータすべてを入力パラメータに用いた場合のパリティプロットを示します（パリティプロットについては、2.9節も参照してください）。横軸が酸素不純物濃度の測定値、縦軸が機械学習による予測値です。両者を比較すると、制御パラメータのみを用いた場合よりも、制御・モニタ・固定パラメータすべてを用いた方が、予測精度が高いことがわかります。その結果、二乗平均平方根（RMSE）で4.2×10^{16} atoms/cm^{3}という実用に十分な精度を得ることができました。このことは、モニタパラメータ、固定パラメータがともに、期待したように酸素不純物濃度を予測するために必要な情報を持っており、その情報をうまく機械学習でモデル化できたことを意味します。

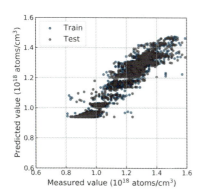 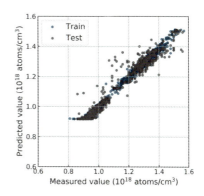

制御パラメータのみを用いた場合	制御・モニタ・固定パラメータを用いた場合
RMSE: 5.4×10¹⁶ atoms/cm³ R²: 0.89	RMSE: 4.2×10¹⁶ atoms/cm³ R²: 0.94

図 2.4.10　シリコン単結晶インゴット中の酸素不純物濃度を予測する機械学習モデルの精度比較

　この事例のように、機械学習の入力パラメータを選択する際に、対象の系に対する専門知識を用いて物理的な観点から出力変数に影響があるかないかを検討することは有効です。このとき、挙がった入力パラメータの候補が、必ずしも教師データとして使える形で存在しているとは限りません。むしろ実際の現場では、そのまま教師データに使えることの方がまれです。例えば、他の入力パラメータとは別の形式で別のコンピュータに保存されていることや、計測はしているがディスプレイに表示させるだけでデータとしては保存していないこと、影響がありそうだとは思いながらも計測していないことなどです。

　「機械学習はデータセットを作るまでが仕事の90%」とはよく言われますが、入力パラメータを決定し、データを蓄積し、データ形式を整えて、教師データセットとして使える形にするまでには多くのコストを要します。しかし、紹介した事例のように、影響が確かにあるパラメータを入力パラメータに加えることは、機械学習の予測精度の向上には顕著な効果がありますので、検討する価値は大いにあります。

本項のまとめ

本項で紹介した事例を踏まえて、機械学習の入力パラメータの選択において知っていた方がよいことは次の通りです。

- 入力パラメータ間で相関係数が高いペアは片方を用いるだけで情報は十分。両方用いると学習が不安定になる場合がある。
- 対象の系に対する専門知識から、出力変数に影響がありそうだと考えられるパラメータは、入力パラメータ候補として検討する。

モデルが先か、データが先か、パラメータが先か？

ここまで、機械学習の問題設定について、モデル：2.1 機械学習手法は何を使えばよいか？、データ：2.2 どれくらいデータは必要か？、2.3 リッチなモデルは正義か？、パラメータ：2.4 入力パラメータはどのように選べばよいか？、とモデル、データ、パラメータの順に話を進めてきました。それぞれの観点で気を付けるポイントを解説しましたが、それでは、これらの中で優先順位はあるのか、どの順番で考えていくのがよいかが気になった読者もいるでしょう。つまり、モデルが先か、データが先か、パラメータが先か、です。その答えは、「どれも等しく重要」です。互いに関連し合っていますので、総合的に考えることが大切です。

---

[1] Hikaru Kato, Soichiro Kamibeppu, Takuto Kojima, Kentaro Kutsukake, Tetsuya Matsumoto, Hiroaki Kudo, Yoshinori Takeuchi, Noritaka Usami, "Crystallographic orientation prediction of multicrystalline silicon substrate using machine learning", IEICE Tech. Report 119 [454], 81 (2020).

[2] Takuto Kojima, Kyoka Hara, Kentaro Kutsukake, Tetsuya Matsumoto, Hiroaki Kudo, Noritaka Usami, "Crystal orientation estimation model based on light reflection profile for multicrystalline silicon", Abstr. of 68th JSAP Spring meeting, 2021, 18a-Z32-9.

[3] Kyoka Hara, Takuto Kojima, Kentaro Kutsukake, Hiroaki Kudo, and Noritaka Usami, "A machine learning-based prediction of crystal orientations for multicrystalline materials", APL Mach. Learn. 1, 026113 (2023).

[4] 宇佐美 徳隆 編著, "多結晶マテリアルズインフォマティクス", 第3章 画像データ×機械学習で分かること, 共立出版 (2024).

[5] 矢田部 学, MSS技報 18, 29 (2007).

[6] Kentaro Kutsukake, Yuta Nagai, Tomoyuki Horikawa, and Hironori Banba, "Real-time prediction of interstitial oxygen concentration in Czochralski silicon using machine learning", Appl. Phys. Express 13, 125502 (2020).

2.5 データにノイズがある場合に気を付けることは？

ここまでで、モデル、データ、パラメータの観点から、機械学習によって解決したい課題に対して、どのような機械学習モデルを構築すればよいかを学びました。ここからは、さらに一歩、具体寄りに進み、機械学習モデルの枠組みが定まった後の問題について考えていきます。まずはデータノイズの問題です。実際のデータでは、ノイズの混入は避けることができません。本節では、ノイズを含むデータを用いて機械学習モデルを構築する際に気を付けるべきことを、データ数、外れ値、データ前処理の観点から議論します。

2.5.1 ノイズがあってもデータは多ければ多いほどよいか？

機械学習の大きな恩恵の1つが、ノイズが含まれているデータであったとしても、大量のデータから背後にある法則を統計的に抽出できることです。この観点から、「たとえ大きなノイズが含まれるデータであったとしても何かしらの情報が得られるはずであるので、捨ててしまわずに、教師データとして機械学習に用いた方が良い」、と考えることができます。この考えは正しいでしょうか？　本項では、ノイズを含むデータの使用について、データ数の観点から簡単な思考実験で考えてみましょう。

図 2.5.1 左のように、ヒータによって溶液を加熱する装置を考えます。溶液の温度はヒータの出力によってコントロールしますが、セッティング（溶液の種類や量、装置内部の部材や構成）を変更するごとに、ヒータ出力と溶液温度の関係を求め直す必要があります。そこで、今回のセッティングにおいて、0から10Wまで2Wごとにヒータ出力を変えて溶液温度を計測し、図 2.5.1 右上のような6点のデータが得られました。この装置ではヒータ出力 x と溶液温度 y の間には線形の関係があることがわかっているとして、式 2.5.1 で表される線形のパラメトリックモデルを用いて、実験データにフィッティング（回帰）させました。

$$y = ax + b \qquad \text{（式 2.5.1）}$$

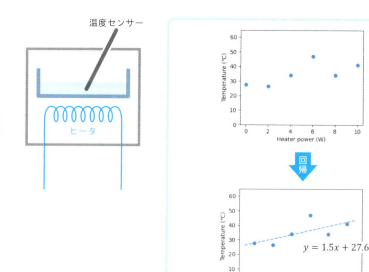

図2.5.1　溶液加熱装置とヒータ出力と溶液温度の関係

　フィッティングの結果を図2.5.1右下に示します。6点のデータに対して直線が回帰され、式2.5.1の係数に対して$a = 1.5$、$b = 27.6$が得られました。以降は、この得られた回帰モデルに基づいてヒータ出力から溶液温度を予測することで、溶液温度を制御することができます。ただし、得られた線形モデルの予測精度は、機械学習の訓練に用いていないテストデータに対して平均絶対誤差（Mean Absolute Error（MAE））で4.8でしたので、このモデルに従って溶液温度を制御したとしても、平均で±4.8℃の誤差を持ちます。さて、このヒータ出力から溶液温度を予測する機械学習モデルの予測精度は、本項冒頭の「問い」のように、計測データを増やせば良くなる（MAEは減少する）でしょうか？

　計測データ数を6、20、100と変えたときの結果を、表2.5.1と図2.5.2に示します。データ数を6から20に増やすと、MAEは4.8から3.7に減少しました。つまり、データ数を増やすことで、より精度の高い予測モデルが作成できたことを意味し、データ数の増加は機械学習モデルの精度向上に効果があったことがわかります。しかし、さらにデータ数を20から100に増やした場合は、MAEは3.7から3.8に増加してしまいました。テストデータの取り方にもよりますので、常に増加するわけではありませんが、いずれにしてもデータ数を20から100に増やすことによる機械学習モデルの予測精度向上への効果は小さいことがわかりま

す。20から100と大幅にデータ数を増やしたことに対する効果としては、期待外れではないでしょうか。

なぜこのような結果になったかを考えるため、図2.5.2のフィッティング結果のグラフを見てみましょう。まず6から20への訓練データ数の増加では、テストデータのプロット点の分布と回帰直線との関係を見ると、線形モデルの傾きaや切片bをより正確に得られており、その結果、予測精度が向上したことがわかります。一方、さらに20から100に訓練データを増やした場合は、プロット点数が増えていますが、それらの点は回帰直線の両側に幅を持って帯状に分布していることがわかります。このデータ点の帯の幅は、ノイズの大きさに対応します。2.3節で、機械学習には予測したい関数の複雑さに応じたデータ数が必要であることを議論しましたが、グラフのプロットを見てもわかるように、訓練データ数100のグラフでは線形モデルの形状を特定することに対して十分すぎるデータ点数があることがわかります。したがって、データ点数を増やしても回帰結果の機械学習モデルの形状にはほとんど変化がなく、テストデータの持つノイズの大きさに対応した予測誤差が返されます。このような、テストデータのノイズの大きさによって予測精度が頭打ちになってしまっている状況では、データ点数の増加による予測誤差の減少は小さく、限定的です。データ点と回帰結果のグラフを描くとすぐに気が付くことですが、データ数と機械学習の予測精度の数字ばかりを見ていると意外に気が付かず、すでにノイズによって予測精度が頭打ちになっているにもかかわらず、「予測精度がまだ低いからデータを増やしましょう」となることもしばしばです。

では、このような場合には、どのようにすれば予測精度は向上できるのでしょうか？　最も本質的で効果的な方法は、ノイズを減らすことです。今回の溶液加熱実験の場合のノイズの原因は、温度センサー自身が持つ測定誤差、実験ごとのセッティングの揺らぎ（例：温度センサーの位置、溶液の量や消耗材の再現性）など多岐にわたると考えられますが、それらを取り除くことでノイズを減らすことができれば、機械学習の予測精度を向上することができます。場合によっては、実験を行いデータ数を増やすよりも、ノイズを改善する方がはるかに低いコストでできるケースもあるでしょう。目の前の機械学習モデルの改善だけにとらわれず、広い視点で機械学習精度の向上を考えることが大切です。

表2.5.1　計測データと回帰結果、予測誤差の関係

データ数	回帰結果 a	回帰結果 b	平均絶対誤差 MAE
6	1.5	27.6	4.8
20	2.3	25	3.7
100	2.3	25.8	3.8

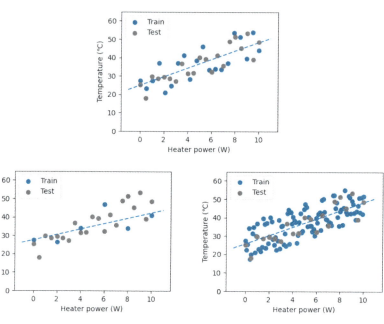

図2.5.2　計測データ数を変えたときのフィッティング結果
左：6点、中央：20点、右：100点

　一方、未知の条件に対する結果を予測することが目的の機械学習ではなく、データの持つ統計的な傾向を得ることが目的の統計解析の視点では、ノイズを持つデータであったとしても、データ数は多い方が、統計的な解析精度が良くなります。上の溶液温度の仮想データは、$y = 2.2x + 26.6 + 10.2\varepsilon$（$\varepsilon$は$-1 \leqq \varepsilon \leqq 1$の一様乱数）の式によって生成しました。したがって、線形モデルの真値は$a = 2.2$、$b = 26.6$となります。表2.5.1の結果を見ると、データ数を20から100に増やすことで、パラメトリックモデルのモデルパラメータに対して、より正確な推定が行われたことがわかります。このように、統計解析の観点ではノイズがあったとしてもデータ数を増やすことは、モデルパラメータの推定精度を向上させることに効果があります。また次項で見るように、データ数が多いほど、外れ値に対し

て頑健になるという利点もあります。さらに近年では、深層学習において、ノイズの影響をキャンセルするほどの大量データを用いることで、ノイズの影響を超えた予測精度を得ることができるようになっています（2.3.1項を参照）。ただし、そのためには大量データが前提となることには注意が必要です。

本項のまとめ

データがノイズを含んでいたとしても、データは多ければ多いほどよいのでしょうか？　その場合、以下の点を考慮する必要があります。

- 機械学習の観点では、予測精度がノイズによって頭打ちになっている状況では、データ数の増加による精度向上は限定的。計測方法の見直しなど、データノイズの低減が必要。
- 統計解析の観点では、ノイズを含むとしても、データ数を増やすことはモデルパラメータの推定精度向上に貢献する。

2.5.2 外れ値の影響は平等ではない

前項では、ノイズが確率モデルにしたがって確率的に発生する場合を想定していました。すべてのデータに対して、ガウス分布や一様分布などからサンプルしたランダムノイズが付加されている状況です。計測機器の測定精度や実験再現性に由来するノイズはこのように、ノイズを確率分布として考えることで、うまくモデル化できるでしょう。一方、本項と次項では、そのような確率モデルによらない、いわゆる「外れ値」と呼ばれるノイズを考えます。外れ値は、その名の通り、データ全体の傾向から外れたデータですが、計測機器の突発的な故障や実験者の記録時のタイプミスなど、イレギュラーな状況によって発生するノイズのモデルと考えることができます。本項では外れ値の影響を考え、次項にて外れ値の処理について考えましょう。

まず前項と同様に線形の仮想データを用いて、外れ値の影響を考えてみましょう。図2.5.3左のように、ヒータ出力と溶液温度の関係の10データに対して、線形モデル$y = ax + b$を用いて回帰を行い、$a = 2.3$、$b = 16.1$とモデルパラメータが求まりました。ここで外れ値として、xが最大の$x = 10$のデータのyの値を＋40した場合を考えます。同様に、$y = ax + b$の線形モデルによって回帰を行い、その結果を比較してみましょう。なお、元のデータセットを作成する際のyのノイズは標準偏差3.0の正規分布から生成しているため、yに＋40することは、ノ

093

イズの確率分布からは大きく外れ、外れ値とみなせます。また、回帰結果の評価は、元のデータセットを作成する際に用いた真の関数 $y = 2.2x + 16.4$ に対して、$0 \leq x \leq 10$ の範囲で平均絶対誤差（MAE）を求めました。

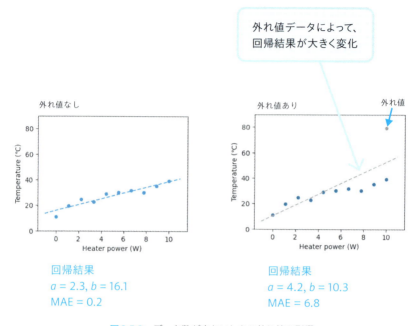

図2.5.3　データ数が少ないときの外れ値の影響

　図2.5.3右に、外れ値を含むデータセットに対する回帰結果を示します。右上の外れ値データに引っ張られる形で、回帰直線が右肩上がりに持ち上げられました。その結果、回帰直線は傾き $a = 4.2$、切片 $b = 10.3$ となり、外れ値を含まない元のデータに対する回帰結果と大きく異なるモデルパラメータの組合せが得られました。またMAEも6.8と、真の関数に対する予測精度も大幅に低下しました。つまり、データ数が10のときは、外れ値は回帰結果に大きな影響を与えました。

　ではデータ数が多いときはどうでしょうか。図2.5.4右に、データが100点ある場合に、図2.5.3右と同じく外れ値として、x が最大の $x = 10$ のデータの y の値を＋40した場合の回帰結果を示します。回帰直線は、外れ値があってもそれほど右肩上がりに持ち上げられることはなく、外れ値がない場合の回帰直線とほぼ同じような直線が得られました。モデルパラメータの値も、傾き $a = 2.4$、切片 $b = 15.7$ となり、外れ値を含まない元のデータに対する回帰結果とそれほど変わらないモデルパラメータの組合せが得られました。また真の関数に対するMAE

も0.5と、外れ値の影響による予測精度の低下も非常に限定的です。

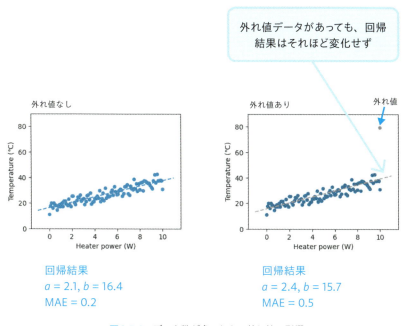

図2.5.4　データ数が多いときの外れ値の影響

　これらのデータ数の違いによる外れ値の影響の違いは、平たく言うと次のように理解できます。データ数が多い場合は、データが1つぐらい外れても全体の回帰結果にそれほど大きな影響を与えませんが、データ数が少ない場合は、1つの外れ値データが回帰結果に大きな影響を与えます。データが多くある場合はデータ1つの影響はその分薄まりますが、データが少ししかない場合ではデータ1つ1つの影響が大きくなります。すなわち、外れ値の影響は平等ではなく、データ数によって変わります。次項にて外れ値を取り除く場合を議論しますが、データ数が多いときは外れ値データを取り除くことの影響は限定的ですが、データ数が少ないときに外れ値データを取り除くことは、相対的に影響が大きくなりますので、より注意を払う必要があります。

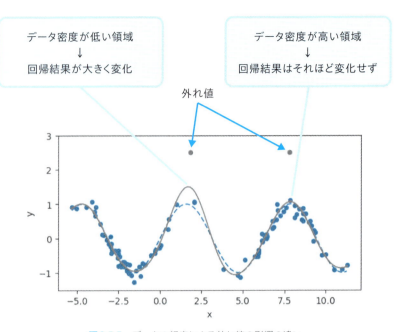

図2.5.5　データの粗密による外れ値の影響の違い

　このようなデータ数の違いによる外れ値の影響の違いは、ニューラルネットワークやガウス過程回帰といった区間の限定を伴う機械学習手法では、データの粗密によっても起こりえます。例えば、近年よく用いられるReLU関数を活性化関数に用いたニューラルネットワークでは区分線形近似によって関数が近似されます。またガウス過程回帰は、カーネルの種類やハイパーパラメータにより隣接するデータの影響範囲や重みが異なりますが、カーネルによる区間の限定を伴う手法です。

　図2.5.5に、ガウス過程回帰を用いた場合のデータの粗密による外れの影響の違いを示します。$y = \sin(x)$の正弦関数に対して、データ密度の低い領域の$x = \frac{\pi}{2}$と、データ密度の高い領域の$x = \frac{5\pi}{2}$に、それぞれyに+1.5した外れ値データを加えました。この外れ値を含むデータセットに対して、ガウス過程回帰を用いて回帰を行いました。回帰結果を実線、真の正弦関数を破線で示します。回帰結果の曲線は、データ密度が低い領域では、外れ値データに引っ張られて大きく持ち上がっているのに対して、データ密度が高い領域では、回帰結果に大きな変化がないことがわかります。つまり、教師データ全体でのデータ数での議論と同様に、外れ値の影響は平等ではなく、データ密度の低い領域では影響が大きく、データ密度が高い領域では影響は限定的になります。

ここで議論したような、機械学習の入力パラメータ空間でデータ密度に偏りが生じるケースには、実際の応用の場面ではとてもよく遭遇します。例えば製造業では、日々生産している標準条件でのデータは大量にある一方で、標準条件から値を変えた条件でのデータはそれほど多くないでしょう。このような、ある意味特殊なデータは、いつもとは条件を変えてわざわざ取りに行くデータであることが多く、いつもとは違うことを行う分、外れ値的なノイズが乗りやすいと想像されます。したがって、データ密度が低い領域のデータを取得する際は、機械学習結果への影響が大きいという意味でも、外れ値的なノイズが乗りやすいという意味でも、慎重に結果を吟味することが大切です。

⊡ 本項のまとめ

外れ値データが機械学習の予測に与える影響については以下の通りです。
- データ数が多い場合は、データが1つぐらい外れても全体の結果に大きな影響を与えないが、データ数が少ない場合は、外れ値は回帰結果に大きな影響を与える。

加えて、区間が限られたり、隣接データとの距離で重みが異なるような機械学習手法では、以下の点を留意する必要があります。
- 密度が低い領域の外れ値の影響は、密度が高い領域の外れ値よりも大きい。
- データ密度が低い領域でデータを取得する際は、より注意を払うことが大切。

2.5.3 この外れ値データは取り除いてよいのか?

前項に引き続き、外れ値データについての議論をしましょう。本項では、外れ値データの削除について考えます。今対象としている系において、機械学習でモデル化したい法則・傾向とは別の原因によるデータの外れは、機械学習の予測精度を低下させるため、そのようなデータを削除することで、機械学習の予測精度を向上させることができます。ここでの問題は、ではどのようにしてそのデータが外れ値であるか、それとも通常のデータであるかを判別するかです。

まず思いつく方法が、「外れ値」の名前の通り、回帰結果からデータ点が外れているかどうかを基準として、外れ値の判定を行うことです。前項の図2.5.3右のように、機械学習の入力パラメータ空間において回帰線・面を描き、その回帰結果から大きく外れているデータが、「外れ値」であるとする方法です。図2.5.6に、図2.5.3右の回帰結果を再掲します。確かに、外れ値として追加したデータ点は

回帰直線からは上に大きく外れています。しかし、回帰結果が外れ値によって上に引っ張られた結果、外れ値と反対側のデータ点も回帰結果から下側に大きく外れています。私たちは今、真の関数の形を知らないため、回帰結果の直線との比較のみから、いずれのデータが外れ値であるかを判定することは難しいと言えます。

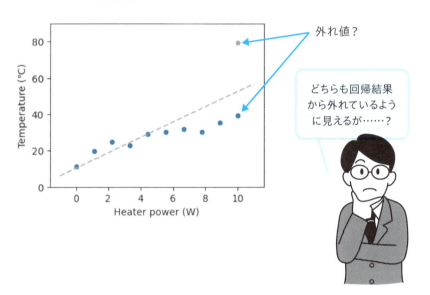

図2.5.6　回帰結果との比較による外れ値の判定（図2.5.3右に対して）

　また入力パラメータ次元が大きい場合は、横軸を測定値、縦軸を予測値としてプロットしたパリティプロット（$y-y$プロットとも呼ばれる）を作成し、予測値＝実測値を表す斜め45°の対角線から外れたデータを外れ値として、外れ値を判定する方法も思いつくでしょう。パリティプロットについては、2.9節も参照してください。図2.5.7に、図2.5.3右の回帰結果についてのパリティプロットを示します。回帰結果との比較の場合と同様に、確かに、外れ値として追加したデータ点は斜め45°の対角線からは右に大きく外れています。しかし、外れ値と反対側のデータ点も斜め45°の対角線から反対側に大きく外れており、やはりどのデータ点を外れ値として削除対象とするかは、このパリティプロットの結果のみから決めることは難しいです。

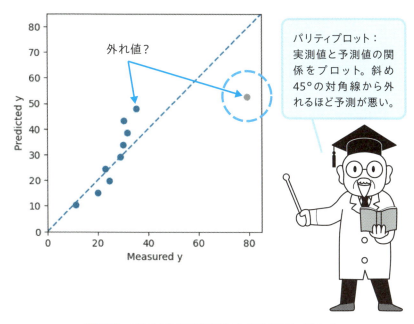

図 2.5.7　図 2.5.3 右の回帰結果についてのパリティプロット

　回帰結果との比較のみから外れ値判定を行い、データを削除することのより深刻な問題は、重要な発見を見逃してしまうかもしれないことです。回帰結果から外れているデータのすべてが、外れ値的なノイズが原因で回帰結果から外れているわけではないからです。回帰結果からの外れは、外れ値であることの十分条件ではありません。回帰手法や回帰のハイパーパラメータを変えることで、回帰結果は変わりますので、どのデータが回帰結果から外れるかも変わります。したがって、回帰結果から外れたデータが外れ値的なノイズを含まない通常データである場合もあり、そのようなデータを削除してしまうことは、本来の目的から考えるとデータを失っていることになります。特に、物理学などでの新発見でよく言われるように、外れ値的なふるまいをするデータは新しい発見の鍵を握っていることがあり、外れているからという理由だけで削除してしまうことは、新発見を見逃すかもしれません（図 2.5.8）。

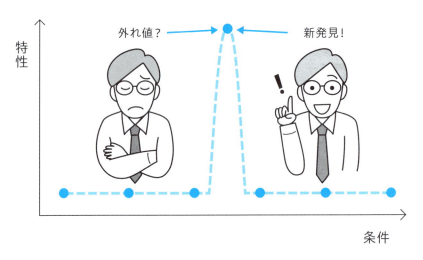

図2.5.8 飛びぬけたデータの扱い。外れ値か？　新発見か？

　では、どのようにして削除すべき外れ値データを特定したらよいか、です。最も確実で誠実な方法は、外れ値の原因を特定し、その原因に基づいて基準を作成し、基準に従ってデータを削除することです。例えば、外れ値的なふるまいをするデータに共通する入力パラメータ値として、計測時間が長いことがわかりました。さらに原因を調べると、計測に用いている温度センサーには使用時間制限があり、その使用時間制限を超えると計測値に大きなノイズが付加されることがわかりました。そこで、使用時間制限を基準として、この時間を超えたデータをデータセットから削除しました。また別の例として、機械学習の入力パラメータとは別の変数を基準として、外れ値を判定することもできます。例えば、シミュレーションデータを用いた機械学習の場合に、外れ値的なふるまいをするデータを精査した結果、それらのシミュレーションは計算が正常に収束していないことがわかりました。そこでシミュレーションの収束残差を基準として、残差が閾値以上のデータを削除しました。このように、外れ値を削除する際は、基準を設けて、データ全体に対してその基準を元にスクリーニングを行うことが望ましいです。基準を持たずに、回帰結果に対して外れ値的なふるまいをするデータを1つ1つチェックして、データの採否を判断することは、自分の欲しい結果を得るために都合の悪いことに蓋をする恣意的な判断になってしまう場合もあり、自身で

はそのような意識はなくとも、外からはデータの捏造と見られかねません。このようなことを避ける意味でも、基準を明確に定め、基準に従ってデータの削除を行うことをお勧めします（図2.5.9）。

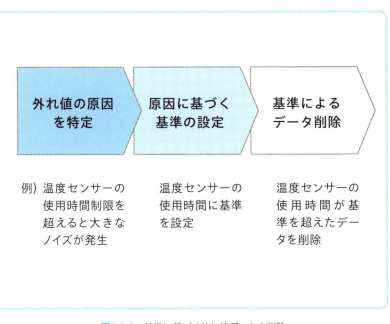

図2.5.9　基準に基づく外れ値データの削除

本項のまとめ

外れ値データを削除する際に気を付けることは以下の通りです。
- 回帰結果に対して外れ値的なふるまいをするかどうかのみを判断基準とすることには、注意が必要。
- 最も確実で誠実な方法は、外れ値の原因を特定し、その原因に基づいて基準を定め、基準に従ってデータを削除すること。

2.6 データ前処理で気を付けることは?

実践的な機械学習の課題解決では、機械学習を行うまでのデータ収集・データ整形・データ前処理が大変で、そこまでできれば9割方は終わったようなもの、とよく言われます。これは作業量という観点でも当てはまりますが、機械学習の予測精度への影響の大きさという意味でも当てはまり、機械学習を行うまでの工程の中身が機械学習の成否を分けることもよくあります。本節では、データ前処理としてよく用いられる、標準正規化と最大最小正規化を取り上げ、それぞれについて気を付けることを考えてみましょう。

2.6.1 正規化は何のためにやるのか?

まず正規化のおさらいです。代表的な正規化は、標準正規化と最大最小正規化です。それぞれ次式のように計算されます。

$$標準正規化：x' = \frac{x - \mathbf{u}}{\mathbf{s}}$$ （式2.6.1）

$$最大最小正規化：x' = \frac{x - \mathbf{x}_{\min}}{\mathbf{x}_{\max} - \mathbf{x}_{\min}}$$ （式2.6.2）

ここで、$\mathbf{u}$と$\mathbf{s}$はデータxの平均と標準偏差、$\mathbf{x}_{\max}$と$\mathbf{x}_{\min}$はxの最大値と最小値です。変換時の変数がxであることを明示するためこれらの式ではxのみを斜体で表していますが、$\mathbf{u}$、$\mathbf{s}$、$\mathbf{x}_{\max}$、$\mathbf{x}_{\min}$はデータセットによって変わる変数です。また、本書では標準正規化、最大最小正規化とそれぞれを呼びますが、標準正規化を標準化、最大最小正規化を正規化と呼ぶ場合や他の名称が用いられる場合もあります。本書でたびたび出てくることですが、同じ概念が異なる名称で呼ばれることは機械学習の分野ではよくありますので、名称にとらわれず、意味を考えて中身で覚えることが大切です。

正規化の効果は、ベクトルxの各要素の統計値を揃えることです。標準正規化では、x'のすべての要素が平均0、標準偏差1となります。最大最小正規化では、x'のすべての要素の最大値が1、最小値が0となります。このようにベクトルxの各要素の統計値を揃えることの恩恵は、大きくは次の2つがあります。

1）異なる尺度の変数を共通の尺度で比較できる。
2）標準のハイパーパラメータを用いることができる。

　1）の恩恵について、仮想データを用いて考えてみましょう。圧力（P、Pressure (MPa)）と温度（T、Temperature (K)）をランダムに変えて反応速度（R、Reaction rate (/s)）を測定する実験を20回行い、図2.6.1のようなデータを取得しました。ここで、反応速度は圧力と温度に対して線形に変化すると仮定して、次の多変量線形モデルによって回帰を行いました。

$$R = aP + bT + c \qquad \text{(式2.6.3)}$$

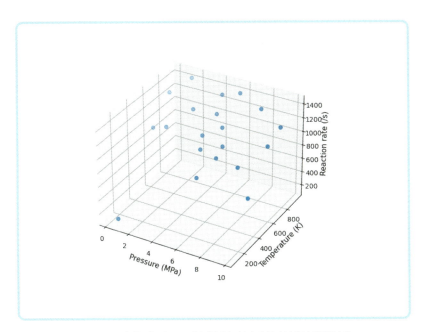

図2.6.1　仮想データ：圧力と温度に対する反応速度の実験結果

　回帰結果を図2.6.2に示します。線形回帰の係数はそれぞれ $a = 2.2$、$b = 1.5$、$c = 3.6$と求まりました。線形回帰の係数は、パラメータ x を変えたときの y の変化の大きさを表しますので、各パラメータの影響の大きさを表す指標としてよく用いられます。今回のケースでは、圧力 P に対する係数が2.2、温度 T に対する係数が1.5でしたので、反応速度に対する影響は圧力の方が大きいと言えるでしょうか？

しかし、図2.6.2の回帰平面の傾き具合を見ると、どう見ても圧力に対する変化よりも温度に対する変化の方が急峻に見えます。つまり、回帰係数の大小と回帰平面の傾きの大小が異なっています。この理由を考えるために、グラフの軸の範囲に注目してください。圧力は0から10の範囲、温度は0から1000の範囲でデータが取られています。圧力と温度では、データの最小から最大までの値の変化が100倍異なるため、回帰係数の大小と回帰平面の傾きの大小とで違いが生じました。そこでパラメータの尺度を揃えるために、正規化を行います。

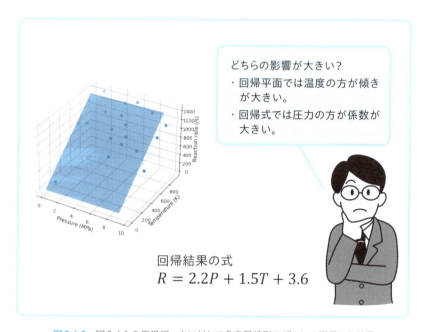

図2.6.2　図2.6.1の仮想データに対して多変量線形モデルにて回帰した結果

図2.6.3に、圧力と温度の値に最大最小正規化を施した後に、線形回帰を行った結果を示します。圧力、温度ともに、最小値が0、最大値が1の範囲でグラフが描かれています。ここで単位は（-）となっていますが、これは「無次元」の意味です。変数のスケール変換を行っているため、元のMPaやKといった単位で表される量とは異なる相対的な量となっていることに注意が必要です。

ここで、図2.6.2と図2.6.3を見比べてみましょう。正規化は線形の変数変換ですので、星座のようなデータ点の位置関係には変化がなく、入力パラメータの圧力と温度のスケールのみが変わっています。したがって、得られる回帰平面とデータ点の配置関係にも変化はありません。次に、正規化後のデータに対して線形回帰を行った結果の係数を確認しましょう。圧力の係数は21、温度の係数は

1288となりました。つまり、温度に対する傾きの方が50倍ほど大きいことを意味します。この結果は、図2.6.3の回帰平面の傾きの程度とも一致しており、線形回帰の係数と回帰平面の傾きの大きさが一致しました。このように正規化を行い、共通の尺度で比較することで、各入力パラメータの影響の大きさを比較することができます。ただし、次項と次々項で議論するように、盲目的にどのような場合でも正規化をして係数を比較すればよいというわけではないことには注意が必要です。

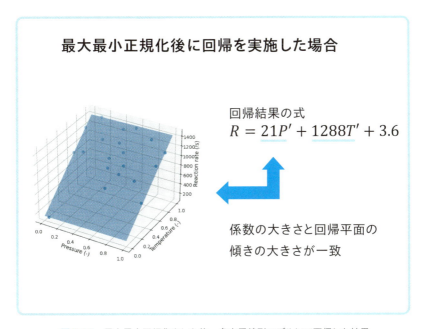

図2.6.3　最大最小正規化をした後、多変量線形モデルにて回帰した結果

　正規化の代表的なもう1つの恩恵である、2) 標準のハイパーパラメータを用いることができることについても、少しだけ触れておきましょう。機械学習モデルの学習では、機械学習手法に応じて様々なハイパーパラメータがあり、多くの場合、ハイパーパラメータの設定次第で機械学習の予測精度が左右されます。それらのハイパーパラメータの中には、入力パラメータの値の大きさに依存した適切な値を持つものがあります。代表的なところでは、ニューラルネットワークの重みの初期値は、適切な値が入力パラメータの値の大きさに依存するハイパーパラメータです。ニューラルネットワークでは、隠れ層の間でもバッチ正規化をすることによって学習がスムーズに行えることが知られていますが、同様に入力層に入る入力パラメータの値の大きさも正規化されていた方が学習がスムーズに行え

ます。また、多くの機械学習ライブラリでは、正規化された入力パラメータを用いた場合にスムーズに学習が進むハイパーパラメータの値がデフォルト値として設定されています。そのため、機械学習の訓練がうまく行かないときの対処として、まずは正規化を試してみることは有効です。

◉ 本項のまとめ

正規化の効果は以下の通りです。
- 変数の統計値を揃える。
 標準正規化：平均0、標準偏差1。最大最小正規化：最大値1、最小値0。

正規化の恩恵は以下の通りです。
- 異なる尺度の変数を共通の尺度で比較できる。
- 標準のハイパーパラメータを用いることができる。

2.6.2 標準正規化と最大最小正規化で結果に違いは生じるのか？

前項では、正規化のおさらいをしました。本項では、もう一歩踏み込んで、標準正規化と最大最小正規化の違いを議論しましょう。図2.6.1のデータに対して、標準正規化を行い、多変量線形モデルにて回帰した結果を図2.6.4に示します。図2.6.3の最大最小正規化の結果と比較すると、何が同じで、何が異なるのでしょうか？ 星座のようなデータ点の配置関係と、それらのデータ点に対する回帰平面の配置は同じです。異なる点は、正規化を行った変数である圧力と温度の軸の目盛りで、標準正規化の場合は0を挟んで正負の値が得られています。標準正規化は、平均を0、標準偏差を1にする変換でしたので、その通りの変換がなされていることがわかります。

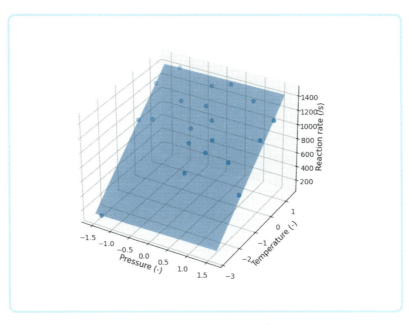

図2.6.4　標準正規化をした後、多変量線形モデルにて回帰した結果

　このように、標準正規化と最大最小正規化では相違がありますが、実用上は次の2点がポイントになります。

　1つ目のポイントは、最大最小正規化と標準正規化では目盛り幅が異なることです。両図のパラメータ範囲を比較してもわかるように、最大最小正規化後の値の範囲は標準正規化と比較すると狭くなります。大きな外れ値がなければ、通常は両者に数倍の違いがあります。その結果、同じデータに対して線形回帰を行った場合に得られる係数は、（最大最小正規化での係数）＞（標準正規化での係数）となります。したがって、異なる正規化の方法で得られた係数を比較して大小を議論することはできませんので、注意が必要です。また前項で説明したように、入力パラメータの値の大きさにハイパーパラメータの値が依存する場合があるため、この違いに応じたハイパーパラメータ調整が必要になる場合があります。

　2つ目のポイントは、最大最小正規化では必ずしもデータセットの最大値、最小値を用いる必要はない、ことです。最大最小正規化では、ライブラリなどを用いて、データセットに含まれるデータのうちで最大のものと最小のものを使用しがちです。しかし、必ずデータの統計値を用いなければならないわけではなく、ユーザーが任意に設定した基準を最大値、最小値として用いることができます。例えば、実験装置で設定できるパラメータ範囲の上限下限を正規化の最大値・最

小値として用いることで、現在のデータセットの最大最小の範囲を超えるデータにも対応でき、また設定可能範囲内でのパラメータの位置もわかりやすくなります。

本項のまとめ

実用の観点からの標準正規化と最大最小正規化の相違は次の通りです。
- データ点同士の配置関係と、データ点に対する回帰平面の配置は変わらない。
- ひと目盛りの幅が異なる。通常は、標準正規化のひと目盛り＞最大最小正規化のひと目盛り。
- 最大最小正規化では、ユーザーが設定した任意の最大値・最小値を用いてもよい。

2.6.3 データの意味を考えた正規化とは？

ここまで、機械学習の入力パラメータ x に関する正規化を主に議論してきました。本項では、出力変数 y に関する正規化について取り上げ、データの意味を考えた正規化について議論しましょう。正規化の目的の1つは、共通の尺度で比較するために行う、ということでした。ですので、出力変数の正規化も異なる出力変数間での尺度を共通化するために行います。では、次のようなケースではどうでしょうか。今、2台の作製装置AとBがあり、作製条件を入力パラメータ、作製された製品の品質を出力変数とした機械学習モデルを作成したいとします。このとき、2台の装置の製品品質データをどのように取り扱うのがよいでしょうか。

1) それぞれの装置ごとに製品品質値の正規化をした後に、1つのデータにまとめる
2) 2台の装置の製品品質値を1つのデータセットにまとめた後に、正規化を行う

いずれの方法をとるかは、何を機械学習によってモデル化したいかによって異なります。ここでも仮想データを用いて具体的に考えてみましょう。図2.6.5左のように、装置Aと装置Bで得られた製品品質のデータがあるとします。ここで、装置Aと装置Bは製品品質の平均と標準偏差が異なっています。1) のそれぞれの装置ごとに製品品質値の正規化をした後に、1つのデータにまとめた場合の結果を図2.6.5右に示します。それぞれの装置ごとに標準正規化を行いますので、

装置AとBの正規化後の分布は、平均が0、標準偏差が1の分布に変換され、ともに似たような分布となり、さらに両者をまとめた分布も平均が0、標準偏差が1の分布となります。

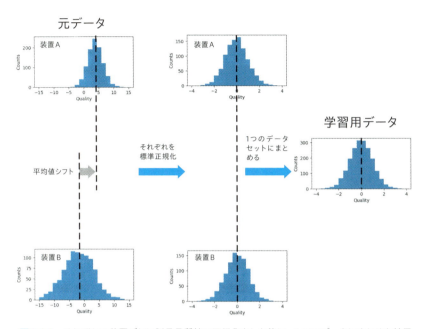

図2.6.5　それぞれの装置ごとに製品品質値の正規化をした後に、1つのデータにまとめた結果

一方、2) の2台の装置の製品品質値を1つのデータセットにまとめた後に、正規化を行った結果を図2.6.6に示します。1つのデータセットにまとめた段階では、それぞれの分布の形状が見て取れ、少し歪な形状の分布となりました。このデータセットに対して、標準正規化を施した結果も、平均0、標準偏差1の分布にはなりますが、歪な分布形状は残ったままです。

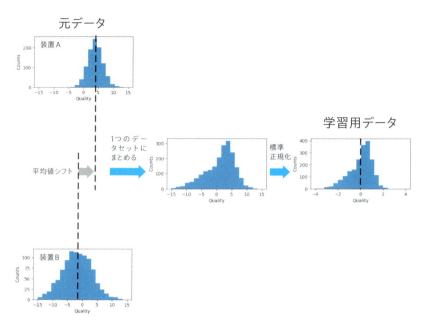

図2.6.6　2台の装置の製品品質値を1つのデータセットにまとめた後に、正規化を行った結果

　この2つの結果からもわかるように、正規化とデータ集約の順番によって、最終的に得られるデータの分布は変わります。問題は、どのような場合にどちらを使うかです。この問いに対しては、何を機械学習でモデル化したいかによって決めるべきです。

　1）の先に正規化をする場合では、標準正規化の手順で、元々のデータの平均値と標準偏差の情報が落とされています。つまり、装置ごとの平均値と標準偏差の違いは機械学習モデルには含まれないことを意味します。例えば、製品や設定の違いにより装置Aの方が装置Bよりも製品品質の平均が高く出ることはすでに十分わかっており、モデル化したい現象は製品品質のばらつきのみである場合は、このような正規化の手順が有効です。なお、標準正規化では、ひと目盛りの大きさ（スケール）も変換されてしまうため、スケールは保存したまま平均値シフトの影響のみをキャンセルしたい場合は、標準正規化ではなく、平均値補正（平均値を0にする操作）のみを行います。

　一方、製品品質の絶対値に対する装置の違いの影響も含めてモデル化したい場合は、2）のデータを1つにまとめた後に、正規化する手順になります。この場合は、装置種類もone-hot表現のような形で入力パラメータとして用いることで、装置の違いの影響をモデル化に含めることができます。以上のように、正規化の

有無、正規化の種類、正規化の順序は、機械学習で何をモデル化したいかによって変わります。どの方法を用いればよいかは、その操作によって、何の情報が落とされているかに着目すると、わかりやすく理解できます。

本項のまとめ

正規化を行う際は、次のようにデータの意味を考えて行うことが大切です。
- 機械学習で何をモデル化したいかによって、適切な正規化の有無、正規化の種類、正規化の順序は変わる。
- その操作で、何の情報が落とされているかに着目すると、適した正規化方法を選択しやすい。

2.7 logを取るべきか取らざるべきか?

正規化と並び、よく用いられるデータ前処理のためのデータ変換がlog変換です。本節では、機械学習の入力パラメータxと出力変数yのそれぞれのlog変換について、その意味と効果を考えます。

2.7.1 入力パラメータ x の log 変換について

log変換は数式では次式のように表されます。

$$x' = \log(x) \qquad \text{(式 2.7.1)}$$

なお本書では、自然対数を$\log()$と書き、常用対数を$\log_{10}()$と書くことにします。log変換は、値が小さいところのスケールは引き延ばし、値が大きいところのスケールは縮小します。その効果として、偏ったデータを均一にならすことができます。図2.7.1に、xの値が低い領域に分布が偏ったデータに対して、log変換を行った結果を示します。データの偏りが緩和され、xに対してデータ点が均一に分布していることがわかります。一般的に、機械学習モデルの予測精度は、データ数が同じであった場合、パラメータ空間にデータが均一に分布している方が全体での予測精度は高まります。したがって、log変換によって入力パラメータ空間におけるデータの偏りを補正してならすことで、得られる機械学習モデルの精度向上が期待できます。また、データの密度が均一になりますので、2.5節で議論した、データ密度が低い領域のデータの方が機械学習結果への影響が大きいという問題を緩和することもできます。

またlog変換はデータ密度の偏りを補正する以外に、細かくモデル化したい領域を拡大することができます。図2.7.2に、xが小さい領域で急峻に変化する関数からサンプリングしたデータのプロット図を示します。左図では、0付近で関数が急激に変化していますが、このスケールではどのように変化しているかがわかりません。そこでxをlog変換して値が小さい領域を拡大します。右図では、xの値が小さい領域が拡大された結果、谷が1つ存在することがわかります。このように変化が急峻な領域を拡大することは、視覚的に関数の形状を理解することに加えて、機械学習モデルの精度向上にも寄与します。log変換をうまく活用しながら、学習対象の関数形状の理解を深め、より良い機械学習モデルを作成しましょう。

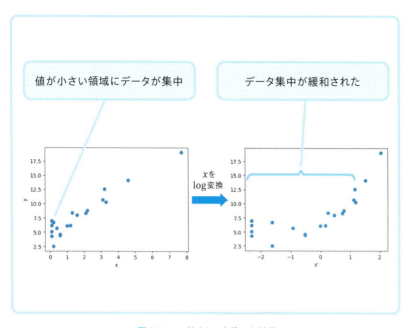

図 2.7.1　x軸をlog変換した結果

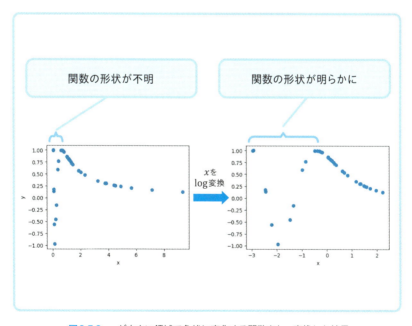

図 2.7.2　xが小さい領域で急峻に変化する関数をlog変換した結果

なお、本項では自然対数変換を用いましたが、スケール変換の観点では、常用対数変換や平方根による変換によっても、データの偏り補正やスケールの拡大・縮小（非線形変換）を行うことができます。それぞれ拡大の大きさが異なりますので、自身のデータに合った方法を選択してください。

📎 本項のまとめ

機械学習の入力パラメータ x の log 変換について知っておいた方がよいことは、次の通りです。
- データの偏りを補正することで、機械学習モデルの予測精度向上が期待できる。
- モデル化したい関数の変化が急峻な領域を log 変換により拡大することで、関数形状の理解を深め、機械学習モデルの予測精度向上に寄与できる。

2.7.2 出力変数 y の log 変換について

次は、機械学習の出力変数 y の log 変換です。y についても、スケールを拡大・縮小することで偏りの補正ができます。ただし、x とは意味合いが異なります。x の場合は、x のパラメータ空間でのデータ密度の偏りの補正でしたが、y の場合は値の価値の偏りに対する補正の観点が重要になります。例えば、1を10にすることと、10を100にすることの価値が等しい対象を予測する機械学習モデルを作成することを考えましょう（図2.7.3）。この対象に対して、そのままの値で機械学習モデルを作成した場合、1から10よりも、10から100の変化の方が大きいため、機械学習モデルを学習する際の価値に対する損失関数の減少量も、10から100の方が大きくなります。その結果、10から100の範囲にあるデータの方が（正確には値が大きいデータほど）、予測精度が高くなります。この結果は、1から10と10から100が同じ価値であるということとは、反する予測精度の結果です。このように価値に偏りがある y の場合は、log などの変換によって価値の偏りを補正した上で、機械学習モデルを作成することで、価値と予測精度が整合した機械学習モデルを作成することができます。また、例えば太陽電池の理論変換効率や製品歩留まりのように、超えられない上限が決まっている場合は、上限に近づけば近づくほど向上の難易度が上がります。このような対象に対して、難易度と機械学習モデルの予測精度を整合させたい場合は、上限からの差に対して、log などの非線形変換を行うことで、価値の偏りを是正できます。

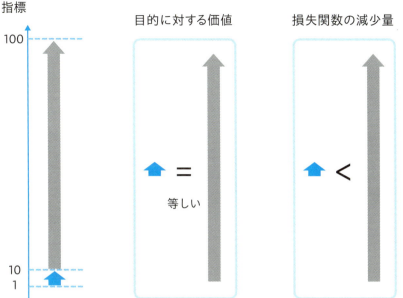

図2.7.3　目的に対する価値と損失関数の減少量の不一致

　また、yに対する log 変換の別の恩恵は、非負を自然に導入できることです。世の中には正の値しか取らない変数が多く存在します。例えば、身長・体重・年齢、降水量・日照時間など私たちの身の回りにも多く存在しますし、絶対温度、光や音の強さ、半導体のキャリア寿命など、基礎的な物理量にも多く存在します。このような正の値しか取らない非負の変数を出力変数とする機械学習モデルを作成する場合、非負という制約を機械学習の処理を行う側で組み込むためには、複雑で高度な工夫が必要となります。一方、シンプルに出力変数データを log 変換し、その変換後の変数に対して機械学習を行うことで、自然に非負の制約を導入することができます。

　図 2.7.4 は、非負の仮想データに対してガウス過程回帰を行った結果です。データ点は y が正の領域にしか存在していませんが、回帰曲線は負の領域にまで伸びており、この機械学習モデルでは、実際には起こりえない負の値を取ることが予測されます（図 2.7.4 左）。このデータに対して、log 変換を行い、変換後のデータに対して同様にガウス過程回帰を行い（図 2.7.4 中央）、さらに exp 変換により元のスケールに戻した結果が図 2.7.4 右です。その結果、回帰曲線は負の領域に侵入することなく、正の領域のみでもっともらしい予測を返しています。

このようにyのlog変換は非負の制約を導入する方法として有効です。容易に導入することができるため、非負のデータに対しては、機械学習アーキテクチャ側の工夫を考えるよりも、まずはlog変換を試してみることをお勧めします。

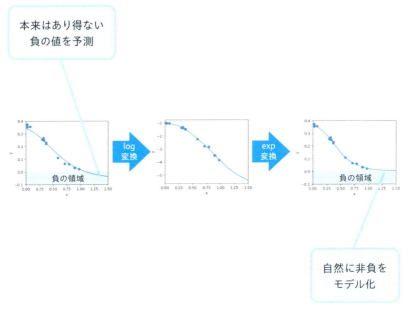

図2.7.4　正の値しか取らないデータに対して、ガウス過程回帰によって回帰した結果

本項のまとめ

機械学習の出力変数yのlog変換について知っておいた方がよいことは、次の通りです。
- データの価値の偏りを補正することで、価値と機械学習モデルの予測精度の整合をとることができる。
- 自然に非負の制約を導入することができる。

2.8 訓練・検証・テストデータはどのように分ければよいか？

機械学習を学んだことがある方ならば、機械学習のお作法として、「データは訓練・検証・テストの3つに分ける」ということは、骨の髄まで染みついているでしょう。しかし、このデータ分割の工程にも、意外と落とし穴があります。本節では、まずデータ分割についておさらいし、データの意味を考えたデータ分割について考えてみましょう。

2.8.1 データ分割のおさらい

データ分割は、あらゆるAI入門書にもれなく書かれている、機械学習における非常に基礎的な事柄です。機械学習では図2.8.1のように、データは訓練データ、検証データ、テストデータの3つに分けます。

訓練データは学習パラメータの調整に使用します。例えば、線形回帰では各項の係数が、ニューラルネットワークでは重みとバイアスが、訓練データに対する損失関数を最小にするように調整（学習）されます。

検証データはハイパーパラメータの調整に使用します。図2.8.1では、Ridge回帰の損失関数のハイパーパラメータである α を例示しています。損失関数内のハイパーパラメータ以外にも、ニューラルネットワークの隠れ層や隠れユニットの数といった機械学習アーキテクチャ（処理を行う構造）内のハイパーパラメータ、学習率やエポック数といった学習条件のハイパーパラメータなど様々な形式のハイパーパラメータがあります。検証データは、これらハイパーパラメータを最適化する際の目的関数の評価に用いられます。

テストデータは、得られた機械学習モデルの予測精度を評価するために使用するデータです。訓練やハイパーパラメータ調整に用いていない"未知"のデータに対して、どこまで予測できるかが機械学習モデルの性能を評価する指標です。すでにデータとして持っている条件に対する予測であれば、データを検索して同じ条件での結果を参照すればよいだけです。機械学習モデルを実際に運用する際に期待することは、未知の条件を予測することですので、未知のテストデータをどこまで予測できるかが重要になります。また、テストデータに対する評価結果をふまえて、機械学習に手を加えてはいけません。いわゆるデータリークになってしまいます。テストデータの結果はあくまでも見るだけで、その結果で行動を

してはいけません。

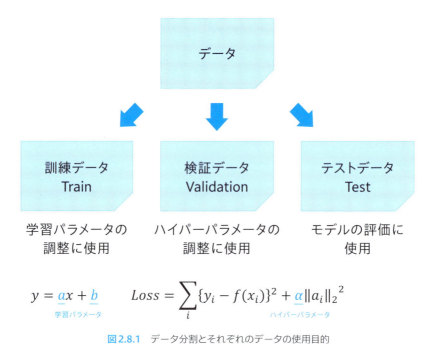

図2.8.1 データ分割とそれぞれのデータの使用目的

2.8.2 データの意味を考えると行ってはいけないデータ分割とは？

　このようにデータ分割によって作成された訓練・検証・テストデータは、それぞれの使用目的が明確に分かれています。それぞれの使用目的に照らし合わせたときに、どのようなデータでもとにかく3分割すればよいと覚えて、データ分割を行うと、意外な落とし穴にはまる場合があります。特に、データリークはうっかりしやすく、気を付ける必要があります。データリークのために、機械学習モデルの予測精度が見かけ上高くなってしまっており、実際の機械学習の運用では期待したモデル精度が得られず、予測が外れてしまうということがあります。

　早速、問題です。図2.8.2のデータの分け方は、どのような場合にどのような点が問題となるでしょうか？　実際は検証データも加えて3つに分割しますが、ここでは問題をわかりやすくするために、訓練とテストデータの2つにデータを分けることを考えましょう。3つの測定試料それぞれで4か所ずつ測定を行った

計12データを分ける場合を考えます。まず、図2.8.2のように、各試料から1か所ずつ異なる場所のデータをテストデータとしました。試料に対しても、場所に対しても、満遍なくテストデータが取られているため、よい取り方のように思われます。しかし、次のようなケースでは、このようなテストデータの取り方はデータリークとなってしまいます。

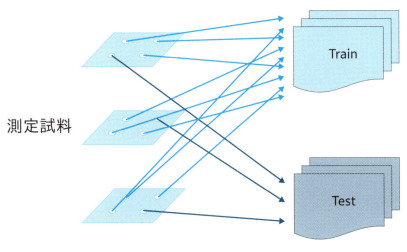

図2.8.2　データ分割の例

まず1つ目のデータリークのケースは、1つの試料内で測定値が非常に似通っている場合、つまり、試料内での値のばらつきがほとんどない場合です。このような場合に、図2.8.2のようにデータを分割した場合、訓練データとテストデータの両方に非常に似通ったデータが入ってしまうことになります。試料内での値のばらつきがほとんどないため、機械学習で予測したいことは、試料ごとの値の違いになります。例えば、その試料を作製した条件を機械学習の入力パラメータとして機械学習モデルを作成する場合です。しかし、予測するテストデータと非常に似通った同じ試料内のデータが訓練データ内にも存在しているため、そのテストデータの値を高い精度で予測することは容易です。ところが、実際に機械学習モデルを用いる際には、新しく作製した試料に対する予測となります。予測したい点の隣のデータ点の値も同様に未知ですので、正確な値を答えることはできません。

したがって、このように試料内での値が似通っており、ばらつきがほとんどない場合は、図2.8.3のように、試料ごとに訓練とテストにデータを分ける必要があります。1つの試料のデータは、訓練もしくはテストのいずれかに、すべてが入るように分けます。このような分け方の場合、テストデータと似通った同じ試料内のデータもすべてテストデータとなり未知ですので、未知の試料作製条件に対する予測精度を評価することができます。

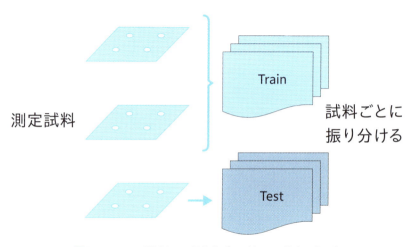

図2.8.3　1つの試料内での特性値がよく似ている場合の分け方

もう1つのケースが、試料内の同じ場所の特性値がよく似ている場合です。この場合も試料内での特性値がよく似ている場合と同じで、図2.8.2のデータ分割の方法では、訓練データとテストデータの両方によく似たデータが入ってしまいます。そのため、特性値の試料位置依存性を予測するモデルを作成するという目的に対して、高すぎる予測精度が得られてしまい、実際の運用時に、測定していない場所に対して予測をした場合には、期待したような予測精度が得られません。そこで、同じ場所の特性値がよく似ている場合は、図2.8.4のように、同じ場所のデータはすべてが、訓練データもしくはテストデータに入るように分ける必要があります。

同じ場所の特性値がよく似ている場合

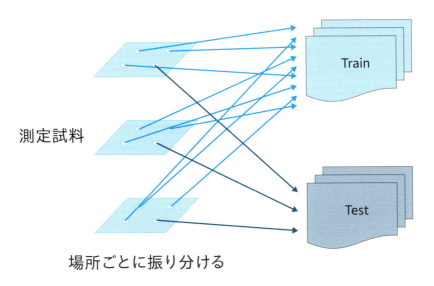

図2.8.4 試料内の同じ場所の特性値がよく似ている場合の分け方

　以上では、わかりやすさのため、3つの試料、4か所の測定位置という少ないデータで説明しましたが、実際の応用で直面する試料数、測定箇所が増えた場合でも、考え方は同様です。またここではテストデータを例に説明しましたが、検証データでもデータリークは問題ですので、まったく同じ議論になります。ポイントは、実際の予測モデルで予測したい依存関係をカンニングするようなデータが検証・テストデータに入っていないかどうかです。機械学習の目的に鑑みたデータの意味を考えたデータ分割が必要です。

本項のまとめ

機械学習でのデータ分割において気を付けるべきことは次の通りです。
- 訓練データ、検証データ、テストデータに似通ったデータが入ってしまう場合は、注意が必要。
- 機械学習でモデル化したい依存関係をカンニングしないようなデータ分割が必要。

2.9 十分精度が高いのに実際の予測は外してしまうのはなぜか？

ここまで、機械学習の予測精度に影響を与えることとして、2.5節ではノイズとその補正の影響を、2.8節ではデータ分割の仕方の影響を見てきました。特に前節では、データリークによって、機械学習モデルの精度評価指標では精度が高いはずが、実際の運用時にはそのような精度が得られない場合があることを見ました。本節でも、評価指標では精度が高いはずが実際の運用時には予測を外してしまうという同様の問題について、評価指標の観点から考えてみましょう。

2.9.1 R2が高ければ問題はないのか？

決定係数（R2）は、機械学習モデルの代表的な予測精度評価指標で、次式で定義されます。

$$R2 = 1 - \frac{\sum_i (y_i - \hat{y}_i)^2}{\sum_i (y_i - \bar{y})^2}$$
（式2.9.1）

ここで、$\hat{y}_i$はデータy_iに対する予測値、$\bar{y}$はデータyの平均値です。第2項は次のように変形できます。

$$\frac{\sum_i (y_i - \hat{y}_i)^2}{\sum_i (y_i - \bar{y})^2} = \frac{\frac{\sum_i (y_i - \hat{y}_i)^2}{N}}{\frac{\sum_i (y_i - \bar{y})^2}{N}} = \frac{\text{MSE}}{\text{Var}}$$
（式2.9.2）

ただし、

$$\text{MSE} = \frac{\sum_i (y_i - \hat{y}_i)^2}{N}$$
（式2.9.3）

$$\text{Var} = \frac{\sum_i (y_i - \bar{y})^2}{N}$$
（式2.9.4）

ここで、Nはデータ数です。つまり、R2は1からデータの分散（Var）に対する平均二乗誤差（MSE）の比を引いた値です。したがって、データが持つ分散の大きさと比較してどこまで正確に予測ができるかを表す指標となります。予測が完璧であれば、MSEは0になりますので、R2 = 1 − 0 = 1で、R2は1となります。

一方、まったく予測ができない、すべての入力に対して平均値を返す機械学習モデルでは、MSEとVarが等しくなり、R2 = 0となります。したがって、R2が1に近いほど予測精度が高いことを示し、R2が1にどれだけ近いかで機械学習モデルの予測精度を評価することができます。

このことを視覚的に図2.9.1に表します。横軸に真値、縦軸に予測値を取り、データをプロットした図です。このプロットはパリティプロットや$y-y$プロットと呼ばれ、機械学習モデルの予測精度を視覚的にとらえるのに便利です。予測が完璧、すなわち予測値＝真値、であれば、縦軸と横軸の値が等しくなりますので、データ点は斜め45°の対角線上にプロットされます。予測が真値から外れるほど、対角線から外れた位置にプロットされるようになります。R2の値とプロット点の分布を比較すると、R2の値が1に近づくほど、データ点の分布が対角線近くの狭い領域に集中することがわかります。このように、R2とパリティプロットは、機械学習モデルの予測精度を評価する指標として感覚的にも視覚的にもわかりやすく、頻繁に用いられます。

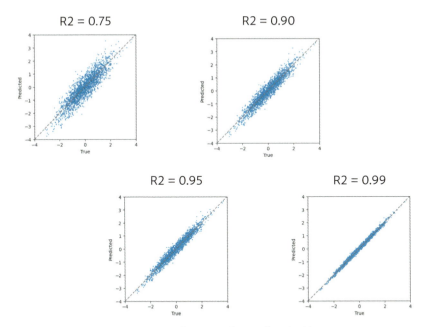

図2.9.1　R2の違いによるパリティプロットの違い

このように便利に使えるR2ですが、落とし穴があるので注意が必要です。それは、yの値が離れて分布する場合です。図2.9.2の仮想データで考えてみましょう。図2.9.2左を見ると、値が小さい領域に多くのデータが集中していますが、大

きく外れて $y = 100$ にデータ点が1つあります。このようなデータに対してR2を計算すると、0.99となり、R2の値では予測精度の非常に高いモデルが得られたと判断されてしまいます。しかし、データが集まっている領域を拡大すると、図2.9.2右のように斜め45°の対角線からは予測が外れていることがわかります。この領域のデータのみでR2を計算すると、0.55となり、非常に良いモデルとは言い難い結果となりました。実際に機械学習モデルを用いる場面では、図2.9.2右の拡大したスケールでの予測精度が要求される場合も多いと思います。そのような機械学習モデルの使用目的から考えると、離れたデータも含めたR2による機械学習モデルの精度評価は、精度を過大評価しており、適切とは言えません。

このようなR2の値の違いが出た理由は、データの分散の大きさの違いです。R2の定義式（式2.9.2）で説明したように、R2は1から平均二乗誤差と分散の比を引いて求められます。大きく外れたデータが存在する場合、そのデータによって分散の値が大きくなります。その結果、平均二乗誤差と分散の比は小さくなって0に近づき、したがって、R2の値は1に近づきます。図2.9.2左のデータでは、$y = 100$ のデータによって、分散が314となり、この値はMSEに比べて非常に大きな値です。そのため、R2は0.99と1に近くなりました。一方、$y = 100$ のデータを除いた、値が小さい領域のデータのみでは、分散は0.83であり、MSEと同程度の値であり、その結果R2は0.55となりました。

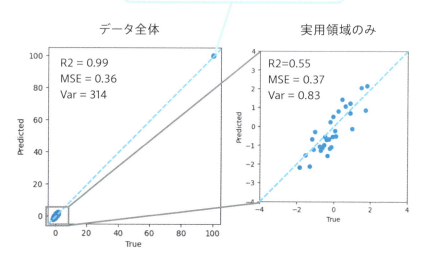

図2.9.2　R2の落とし穴：離れたデータ点によるR2の過大評価

より一般化すると、要求される機械学習精度がデータの分散の大きさに対して桁で小さい場合は、R2を用いた評価には注意が必要です。ここでの仮想データでは、分散が大きくなるケースとして1点だけ大きく外れたデータがある場合を例として挙げましたが、（分散の大きさ）＞＞（要求精度）の場合にはいずれも当てはまります。このような場合は、R2ではなく、要求精度に対応した平均二乗誤差（MSE）、二乗平均平方根誤差（RMSE）、平均絶対誤差（MAE）などで機械学習モデルの予測精度を評価する必要があります。逆に、データの分散の大きさと比較した相対的な値として予測精度を評価したい場合は、R2が適しています。

本項のまとめ

機械学習の予測精度評価としてR2を用いる場合は、次の点に注意が必要です。
- R2はデータの分散の大きさを基準とした予測精度を表す指標。
- 要求される予測精度に対してデータの分散の大きさが非常に大きい場合は、R2を用いた評価には注意が必要。

2.9.2 RMSEが低ければ問題はないのか？

前項ではR2による機械学習モデルの予測精度評価について考え、データの分散が大きな場合は、二乗平均平方根誤差（RMSE）などで評価する必要があるとの結論でした。それでは、常にRMSEを用いて評価すればよいかというと、話はそう簡単ではありません。やはり、データの意味を考えながら、適切な指標で評価を行う必要があります。本項では、RMSEを用いて評価する場合に気を付けるべきことを見ていきましょう。なお、ここではRMSEで議論を進めますが、平均絶対誤差（MAE）でも同じことが言えます。

RMSEでの評価において、注意が必要なケースの1つは、yの値の正規化を行う場合です。わかりやすい例として、図2.9.3のように、yの値に2つのグループがある場合を考えましょう。装置Aから取得したグループAのデータと装置Bから取得したグループBのデータを合わせてデータセットを作成し、出力変数yの値に対して標準正規化を行った後、機械学習モデルの学習を行い、テストデータに対して評価を行いました。$y-y$パリティプロットは図2.9.3左のようにグループAとBの2つの集団に分かれてプロットされ、全体では、R2が0.99、RMSEが0.10と得られました。

では、装置Aと装置Bのデータを1つにまとめず、装置Aのデータのみで標準

正規化を行い、同じ機械学習モデルの精度を評価した場合を考えてみましょう。図 2.9.3 右は、図 2.9.3 左と同じデータ点をグループ A のデータのみで標準正規化した結果です。グループ A のデータのみで評価を行うと、R2 は 0.81、RMSE は 0.44 となりました。前項では一部のデータのみで R2 を取ると R2 の値が変わることを見ましたが、今回は、R2 に加えて RMSE の値も変わってしまっています。

ここでのポイントは標準正規化の有無です。グループ A のデータのみを抽出した後に改めて標準正規化を行ったため、グループ A のデータの標準偏差の大きさに応じてスケールが変換された結果、RMSE のスケールも変わってしまいました。ここではグループ A とグループ B のように明確に異なる集団を分けた場合を例に考えましたが、一般化するとどのような集団にも当てはまりますので、異なるデータセット間で比較を行う場合は同様のことが起こります。正規化は基準に基づいてスケール変換を行うため、異なるデータセット間で何を基準として RMSE を比較するかを考える必要があります。具体的には、標準正規化では標準偏差を、最大最小正規化では最大値と最小値の差をスケールの基準として、比較を行います。たいていの場合、機械学習の教師データセットを作成する段階では正規化を行いますので、何も考えずに機械学習の出力をそのまま用いて評価をする場合は、正規化後のデータでの評価となるため、異なるデータセット間での精

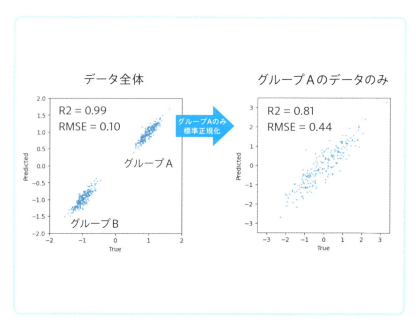

図 2.9.3　2 つのグループがある場合の RMSE の比較（標準正規化あり）

度比較に注意が必要です。

　有効な評価方法の1つは、元データのスケールに戻して評価を行うことです。図2.9.4に、図2.9.3のデータを元データのスケールに戻して評価した例を示します。装置Aと装置Bからの出力が温度であるとして、ケルビン温度単位（K）でパリティプロットを作成します。元データスケールで求めたRMSEは、元データと同じ単位（ここではK）になるため、絶対値として機械学習モデルの精度を評価することができます。このように、たとえ機械学習の訓練に正規化された値を用いた場合でも、機械学習モデルの精度評価には元データと同じスケールを用いることで、実際に機械学習モデルを用いる際に必要となる精度と比較して、モデル精度を評価することができます。また、図2.9.4右に示すように、データの一部や異なるデータに対して求めたRMSEにおいても、同じ元データ単位での値となりますので、共通の尺度で比較することができます。このように、元データでのスケールという基準で機械学習モデルの予測精度を比較した方が適切な場合があります。

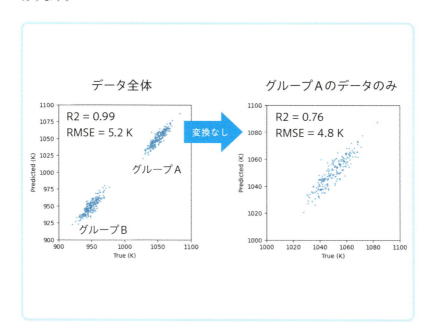

図2.9.4　2つのグループがある場合のRMSEの比較：元データのスケールで比較

本項のまとめ

　機械学習の予測精度評価としてRMSE（MAEも同様）を用いる場合は以下の点を留意してください。

- 正規化によって、スケールの基準が変わることに注意。
- 元データのスケールに戻してRMSEを求めることで、元データと同じ単位で評価・比較することができる。

2.10 損失関数と評価関数には何を用いればよいのか?

前節では、機械学習の予測精度を評価する指標として、R2およびRMSE（または MAE）の特徴と用いる際に気を付けることを見てきました。本節では、RMSE と MAE の違いに注目しながら、学習の損失関数とモデルの評価関数の違いをおさらいし、さらに一歩踏み込んで、RMSE と MAE の損失関数・評価関数としての特徴を学びます。

2.10.1 学習の損失関数とモデルの評価関数の違いとは?

まず、平均二乗誤差（MSE）と二乗平均平方根誤差（RMSE）、平均絶対誤差（MAE）の定義をおさらいしましょう。

$$\text{MSE} = \frac{1}{n}\sum_i (y_i - \hat{y}_i)^2$$

$$\text{RMSE} = \sqrt{\frac{1}{n}\sum_i (y_i - \hat{y}_i)^2}$$

$$\text{MAE} = \frac{1}{n}\sum_i |y_i - \hat{y}_i|$$

ここで、y_i、$\hat{y}_i$ は i 番目のデータの y の値とその予測値、n はデータの数です。MSE は 2 乗ですので、そのままでは、y の値と比較することはできません。そこで平方根を取った RMSE にすることで、y と同じ単位となり、y の値の尺度で、誤差を評価することができます。また MAE とも同じ単位になるため、両者を比較することができます。そこで、RMSE と MAE の違いを浮かび上がらせるために、図 2.10.1 のように、外れ値を持つデータに対して、それぞれを求めてみましょう。外れ値の存在によって、MAE と RMSE のどちらがより大きくなるでしょうか?

129

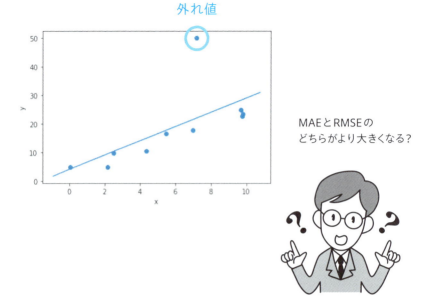

図2.10.1　MAEとRMSEへの外れ値の影響の大きさ比較

　図2.10.2に、外れ値がある場合とない場合について、線形回帰モデルに対するRMSEとMAEおよび両者の比をまとめた結果を示します。まず、外れ値がある場合もない場合も、RMSEとMAEでは、RMSEの方が大きい値を取りました。このことは、あらゆるデータに対して成り立ちます。したがって、異なるモデルを比較する際に、片方はRMSEの値、もう片方はMAEの値を用いて比較することはできません。またモデルの予測精度を表す場合は、それがRMSEであるのか、MAEであるのかを明示する必要があります。

　次に、外れ値がない場合の値と比較して、外れ値がある場合はRMSEとMAEのいずれも値が大きくなりました。外れ値は今回用いている線形という仮定から外れるデータですので、外れ値データの存在によって誤差が大きくなるのは当然の結果です。ここで両者の比に注目すると、外れ値がないときは $\frac{\text{RMSE}}{\text{MAE}} = 1.13$ であったのに対して、外れ値がある場合は $\frac{\text{RMSE}}{\text{MAE}} = 1.66$ とより大きな値となりました。つまり、外れ値データの存在による誤差の増加は、MAEよりもRMSEの方が大きいことがわかります。RMSEはまず2乗を取るため、大きく外れたデータに対しては誤差が2乗で拡大され、その結果、平均後の平方根を取ったRMSEの値も大きくなります。このようにRMSEは、MAEと比較して外れ値に対して敏感です。

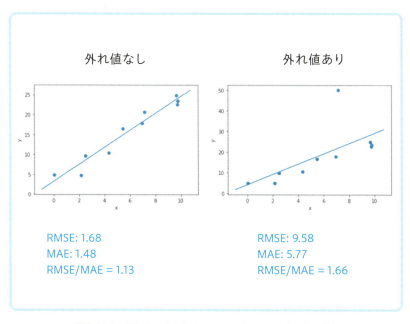

図2.10.2　外れ値の有無によるRMSEとMAEの大きさの比較

　ここで話を損失関数と評価関数の違いに戻しましょう。図2.10.1の外れ値が、実は外れ値ではなく、真のデータであったとして、この外れ値を予測するために、非線形関数で回帰する場合を考えましょう。機械学習モデルの訓練では、データと予測のずれを表す損失関数を小さくするように学習パラメータが調節されます。したがって、損失関数の大きさは、図2.10.3のように、回帰曲線をデータに近づける力の大きさと考えることができます。すなわち、損失関数にMSEを用いた場合は、外れ値に敏感ですので、予測から大きく外れたデータに優先的に近づけるように、回帰曲線の修正（機械学習モデルの訓練）が行われます。一方、損失関数にMAEを用いた場合は、データと回帰曲線の距離に比例した力の大きさで、回帰曲線の修正が行われます。

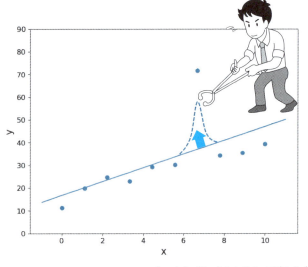

| 損失関数の大きさ | = | データに近づくように回帰曲線を引っ張る力の大きさ |

図2.10.3　損失関数の効果

　一方、評価関数の意味は、図2.10.4のように、回帰曲線がどの程度データから外れているかの見積もりです。したがって、RMSEを評価関数に用いた場合は、外れ値に敏感ですので、予測が大きく外れていることをより深刻にとらえます。一方、評価関数にMAEを用いた場合は、データと回帰曲線の距離に比例した重みで予測の精度を評価することになります。ここでのポイントは、どちらが良い悪いではなく、今直面している目的に対しては、どちらの評価関数の方がより適切かを考えることです。また、機械学習の評価関数に、損失関数と同じ関数を使わなければならないということもありません。例えば、損失関数にMSEを用い、評価関数に元スケールに単位を戻したMAEを用いるといったことも、目的に応じては必要でしょう。

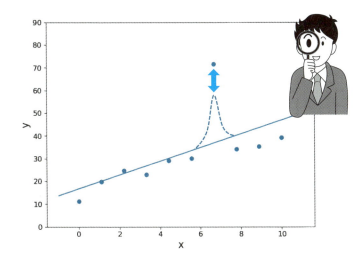

評価関数の大きさ　＝　回帰曲線がどの程度データから外れているかの見積もり

図2.10.4　評価関数の意味

本項のまとめ

機械学習の損失関数と評価関数について、以下の点を留意してください。
- 損失関数：回帰関数をデータに近づける力の大きさに対応。
- 評価関数：回帰結果がどの程度データから外れているかの見積もりに対応。
- 用いる関数によって外れ値への感度が変わる。RMSE：外れ値に敏感、MAE：外れ値に鈍感。

2.10.2　RMSEとMAEの比が異なる2つのモデルがあった場合、どちらを用いればよいのか？

前項にて、RMSEは常にMAEよりも大きくなること、さらに、RMSEは外れ値に敏感であるため、RMSE／MAEの比は外れ値が存在するほど大きくなることを見ました。この性質を利用して、用いたデータの特徴や作成した機械学習モデルの学習状況を調べることができます。今、用いたデータが正規分布に従うノイズを持つと仮定すると、よく学習された機械学習モデルの予測誤差も正規分布

に従うと仮定できます。この正規分布の予測誤差に対して、RMSE と MAE の比を計算すると、$\dfrac{\text{RMSE}}{\text{MAE}} = 1.253$ と求めることができます。導出方法は専門の解説[1]を参照してください。したがって、$\dfrac{\text{RMSE}}{\text{MAE}}$ の比が 1.253 よりも大きいか小さいかによって、データの特徴や学習状況を考察することができます。

$\dfrac{\text{RMSE}}{\text{MAE}} > 1.253$ の場合：用いたデータが正規分布に近いノイズを持つはずであるのに、$\dfrac{\text{RMSE}}{\text{MAE}}$ が 1.253 よりも明らかに大きな場合は、外れ値に敏感な RMSE がより大きな値を持っており、外れ値の存在が示唆されます。2.5 節の外れ値処理で見たように、データの中身を再チェックし、もし外れ値であると判断されるデータがあった場合は、それらを削除することで、機械学習モデルの予測精度の向上が期待されます。また、外れ値がない場合も、大きく外れたデータを予測できない状態ですので、機械学習のハイパーパラメータを変えて学習することで、それらのデータを予測できるようになり、予測精度が向上する場合もあります。

$\dfrac{\text{RMSE}}{\text{MAE}} < 1.253$ の場合：用いたデータが正規分布に近いノイズを持つはずであるのに、$\dfrac{\text{RMSE}}{\text{MAE}}$ が 1.253 より明らかに小さな場合は、どのデータに対しても同じような予測誤差を返している状態です。したがって、機械学習のハイパーパラメータを変えて学習することで、改善する場合があります。またプログラムコードや計算のミスで、評価関数を計算する過程で均一の予測誤差が出力され、同じような値が返されている可能性もあります。この場合は、プログラムをチェックするとよいでしょう。

$\dfrac{\text{RMSE}}{\text{MAE}} = 1.253$ の場合：用いたデータが正規分布に近いノイズを持つと考えられる場合は、良い機械学習モデルが得られている可能性が高いです（図 2.10.5左）。ただし、RMSE や MAE の値も必ず見て、誤差が小さいことを確認してください。まったく予測ができておらず、正規分布に従った乱数を返すモデル（図2.10.5中）、一定値を返すモデル（図 2.10.5 右）なども、教師データの分布によっては、$\dfrac{\text{RMSE}}{\text{MAE}}$ が 1.253 に近づくことがあり、比だけを見て判断することには注意が必要です。

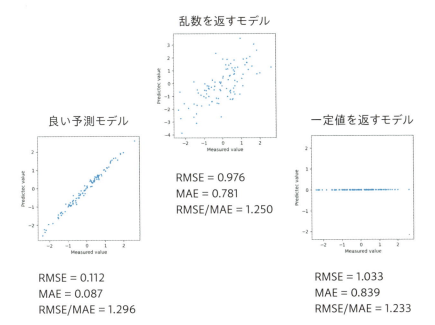

図2.10.5　RMSE／MAEの比が1.253に近い機械学習モデルのパリティプロット

本項のまとめ

RMSEとMAEの比を用いて、データや機械学習の状態を調べることができます。用いたデータが正規分布に近いノイズを持つと考えられる場合は、次の点に留意してください。

- $\dfrac{\text{RMSE}}{\text{MAE}} > 1.253$：データに外れ値が含まれている可能性があるため、データを再チェックする。ハイパーパラメータを変えて学習してみる。
- $\dfrac{\text{RMSE}}{\text{MAE}} < 1.253$：コードミスなどで一定の誤差が返されている可能性があるため、計算を再チェックする。ハイパーパラメータを変えて学習してみる。
- $\dfrac{\text{RMSE}}{\text{MAE}} = 1.253$：良好な学習が行えていると考えられる。油断せずに、RMSEやMAEの値も確認する。

Column ✎ 損失関数とノイズの確率分布の関係

本節では、まず、機械学習の学習は損失関数の大きさに応じてなされること、そして次に、よく学習された機械学習モデルは正規分布ノイズを持つデータに対して特定の $\dfrac{\text{RMSE}}{\text{MAE}}$ の比を持つことについて見てきました。実は、両者には密接な関係があります。図2.10.6の線形回帰の場合を例に考えてみましょう。各データ点はノイズ（同じ条件での結果がブレること）を持ちますが、このノイズはその生成原因を考えると、何かしらの確率分布から生成されていると考えることができます。最もよく仮定されるノイズの確率分布は正規分布ですが、ラプラス分布などの別の分布を考えることもできます。今、ある線形回帰のモデルパラメータ a, b の組を与えたときに、回帰結果の直線が得られたとします。各データ点においてこの回帰結果が示すデータが得られる確率（尤度）は、データ点と直線上の点との距離に応じたノイズの確率から求められます。さらに、この回帰結果全体での尤度は、各データ点に対する尤度の積で求めることができます。最尤推定は、この尤度が最大になるモデルパラメータ a, b の組を見つけることに対応します。一般的には、尤度を最大化するのではなく、対数を取ってマイナスを掛けた対数尤度を最小化することで、最尤推定が行われます。

ここで、データの持つノイズの確率分布が正規分布であるとすると、対数尤度は回帰結果の直線上の点とデータ点の差の2乗の和に比例します。和の最小化と平均の最小化で得られる最適解は同じですので、したがって、これまで見てきた最小二乗法による機械学習の学習（平均二乗誤差（MSE）を損失関数として、その最小化によってモデルパラメータを求めること）は、正規分布ノイズの元での最尤推定を行うことと等価となります。また同様に、平均絶対誤差（MAE）を損失関数として、その最小化によってモデルパラメータを求める学習は、ノイズの確率分布がラプラス分布であることを仮定した場合の最尤推定に対応します。このように、損失関数とノイズの確率分布は、最尤推定を通してつながっています。さらに興味のある読者は、数学的な導出や確率論からの解説について、専門書[2]を参照してください。

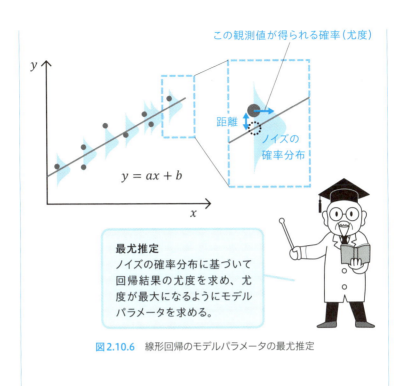

図 2.10.6 線形回帰のモデルパラメータの最尤推定

---

[1] 精度評価指標と回帰モデルの評価, https://funatsu-lab.github.io/open-course-ware/basic-theory/accuracy-index/

[2] 例えば、C.M.ビショップ著, "パターン認識と機械学習 上", 丸善出版 (2012).

2.11 すごい予測値が出たが、これは大発見なのか？

ここまで、機械学習モデル精度への影響を中心に、データ数、パラメータ数・種類、ノイズ、データ分割、正規化、損失関数・評価関数の影響を見てきました。機械学習の章の最後では、予測結果の方に焦点を当て、得られた予測結果をどのように解釈したらよいかを議論します。

2.11.1 内挿、外挿とは？

「機械学習は、内挿は得意だが、外挿は不得意。」とよく言われます。教師データに含まれるデータはよく予測できるが、含まれないデータは予測が難しい、と言い換えてもよいでしょう。ここでの、内挿・外挿、含まれる・含まれないには、xに対するものとyに対するものの2種類がありますので、それぞれを見ていきましょう。図2.11.1に、違いを模式的に示します。

入力パラメータxの外挿は、教師データの範囲外ととらえるとわかりやすいです。図2.11.1の例では、教師データはxの値の範囲の途中までしかなく、値が大きい領域Aには教師データはありません。このような外挿領域では、一般的に機械学習モデルの予測精度が低下しますので、図のように予測を外してしまう場合があります。またこのような教師データの範囲外という典型的な外挿領域の他に、入力パラメータ間の組合わせによって、教師データ範囲の内側に外挿領域が存在する場合もあります。図2.11.2に極端な例を示します。$x1$と$x2$は、それぞれの分布ヒストグラムを見ると、-1から1の範囲で値が連続的に分布しています。したがって、それぞれのヒストグラムからは-1から1の範囲に外挿領域は確認できません。しかし、$x1$と$x2$の散布図を見ると、$(x1, x2) = (0, 0)$の原点を中心にデータが存在しない領域があることがわかります。このようにたとえ教師データの範囲内であったとしても、入力パラメータ間の組合わせでデータ分布に穴が空いている領域は外挿領域となり、機械学習モデルの予測精度が低下してしまいます。これらxの外挿領域の予測精度を向上させるためには、シンプルにその領域に教師データを追加することが最も効果的です。また次項で述べるように、パラメトリックモデルを用いることも効果があります。しかし、さらに入力パラメータ数が増え入力が高次元になると、このようなデータの穴の確認は難しくなり、どこが入力パラメータxの内挿領域でどこが外挿領域であるかを判断することは

難しくなっていくという課題があります。

　一方、yの外挿領域も同様に教師データの値の範囲外と考えることができます（図2.11.1の領域B）。しかし、入力パラメータxは、基本的に指定した値のデータを作れるため、外挿領域のデータを作成して追加することができたのに対して、望む出力変数yのデータを作成するためには逆問題を解く必要があります（1章を参照）。特に、サロゲート最適化において機械学習モデルの予測を用いて良い条件を求めたい場合は、出力の最大化もしくは最小化となることが多く、教師データにないような高い（低い）値のyを探すことになるため、本質的にyの外挿領域を攻めることになります。xの場合と同様に、外挿領域のデータを追加することで、より機械学習モデルの予測精度が上がり、より高い（低い）yをより良く探索することができますが、このyの外挿領域のデータの追加には、逆問題を解く必要があります。これについては、次章にて、最適化によって効果的に実行する方法（逐次最適化）を説明します。

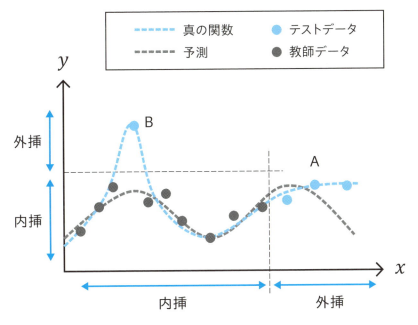

図2.11.1　xとyの内挿と外挿

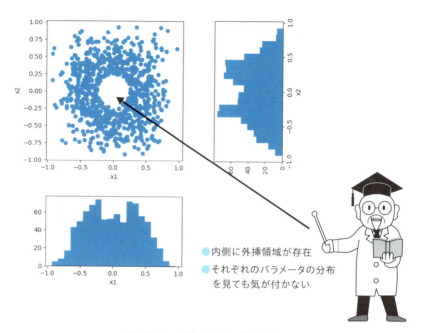

図2.11.2　内側に存在する外挿領域の例

本項のまとめ

機械学習の内挿・外挿について、次の点に留意してください。

- 外挿領域は予測精度が低下する。
- xの外挿領域の予測精度は、データ追加およびパラメトリックモデルを用いることで改善できる。
- yの外挿領域の予測精度は、最適化によるデータ追加によって改善できる（次章を参照）。

2.11.2　なぜ機械学習は物理的にあり得ない値を予測してしまうのか？

本項では、機械学習の予測の妥当性を科学的な視点から考えることの重要性を考えてみましょう。

図2.11.3は、数ある太陽電池の種類の中で最も変換効率の高い多接合太陽電池の最高発電効率の推移を表した図です。太陽電池の変換効率について、線形モデ

ルで回帰してみましょう。すると、2100年には変換効率100%を超える値が予測されます。100%超えは、太陽電池に入射した光のエネルギー以上のエネルギーが取り出せることを意味していますので、エネルギー保存則の壁を打ち破る、革新的な太陽電池の登場が予測されます。読者の皆さんはこのようなことはあり得ないと、わかっていると思います。では、なぜ機械学習は、このような物理的にあり得ない予測をしてしまったのかをまじめに考えてみましょう。

理由の1つは前項で見たように外挿のためです。太陽電池変換効率データは、今日現在の2024年までのデータしかありません。教師データのない50年先の外挿領域まで予測を行ったことによって、予測を外す結果となりました。

もう1つの理由は、用いた線形モデルに科学的な根拠がなく、また予測に物理的な制約がないからです。太陽電池の最高変換効率が時間とともに"線形"に向上するということに、物理的な法則・根拠はありません。一方、図2.11.4に太陽電池変換効率の理論的な限界（様々な理論値がありますが、ここでは60%とする）を考慮したパラメトリックモデルで回帰した結果を示します。このように、物理的な根拠に基づいた制約を導入することで、物理的にあり得る予測を行うことができます。科学的な制約の導入は、この太陽電池の例や2.1節で見たように、理論式を用いたパラメトリックモデルを用いることで、xの外挿領域の予測を理論的にあり得る値に留めることができます。また他の方法として、機械学習の損

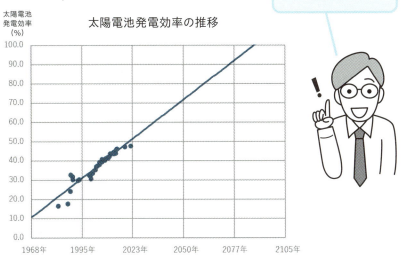

図2.11.3　太陽電池発電効率の推移と線形回帰の結果

失関数に、理論式・物理式からの乖離に対する罰則（正則化）を入れることで、理論式・物理式に沿った予測を行う機械学習モデルを構築することもできます。

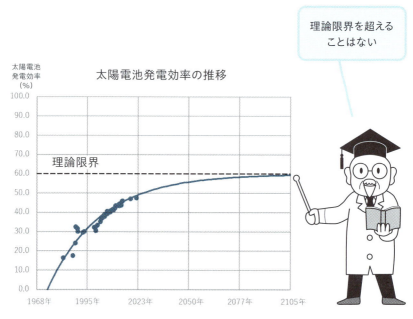

図2.11.4　太陽電池発電効率の推移と理論限界を考慮した回帰の結果

本項のまとめ

機械学習の内挿・外挿について、次の点に留意してください。

科学的にあり得ない予測をしてしまう理由
- 外挿領域に対する予測のため。
- 科学的な制約がないため。

科学的な制約を入れる方法
- 理論式、物理式、物理的な考察に基づくパラメトリックモデルを用いる。
- 機械学習の損失関数に理論式・物理式からの乖離に応じた罰則（正則化）を入れる。

2.12 第2章のまとめ

第2章では、機械学習の開発現場で起こる問題と解決へのアプローチを学んできました。最後に、これまでの内容をまとめてみましょう。

　これで、機械学習についての第2章は終わりです。ここまでお疲れさまでした。最後に、第2章を振り返りましょう。図2.12.1に、第2章の構成図を再掲します。まず初めに、機械学習の枠組みを決める段階での問題として、機械学習手法、データ量、パラメータ数の影響を考え、機械学習を用いて解決したい課題と照らし合わせながら、機械学習の枠組みを構成していくことの重要さを学びました。機械学習を導入し始めた頃は、ついつい勉強した・習得した機械学習手法を使いたくなってしまうものですが、まず、課題が先にあり、その課題を解決するために機械学習の枠組みを構成していくことが大切でした。

　次に、そのようにして決めた機械学習の枠組みに沿って取得されたデータに対して、機械学習を行うための前処理段階で生じる問題について、外れ値除去、正規化、log変換、データ分割において注意すべきことを学びました。データ前処理は、いわゆる「機械学習のお作法」としてスタンダードな方法がありますが、どのような場合でも同じ方法が適用できるわけではありません。前処理で行われる操作の中身とデータの意味とを照らし合わせて、適切な処理を行うことが大切でした。

　本章の最後では、機械学習モデルが得られた後の評価段階で生じる問題について、特にモデル評価指標について注意すべきことを学びました。ここでも、機械学習を行う目的とかみ合った適切な評価指標を用いないと、モデルの予測精度を過大もしくは過少評価してしまうことを見ました。

　このように、本章で一貫して学んでほしいことは、機械学習応用においては、"常に目的と照らし合わせることが大切"ということです。どのような課題を解決するために機械学習を導入するのか、何をするために機械学習を使うのか、を頭に入れて、目的に対して意味のある機械学習を構築しましょう。

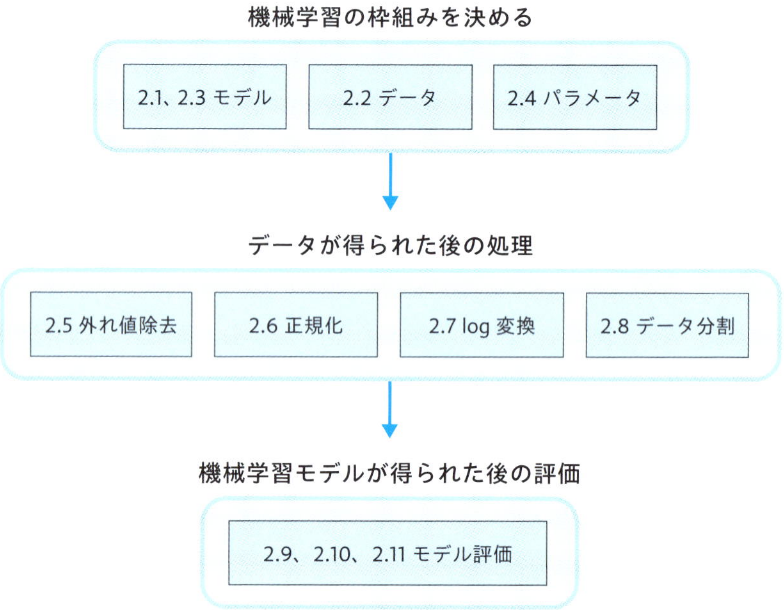

機械学習の枠組みを決める

| 2.1、2.3 モデル | 2.2 データ | 2.4 パラメータ |

データが得られた後の処理

| 2.5 外れ値除去 | 2.6 正規化 | 2.7 log 変換 | 2.8 データ分割 |

機械学習モデルが得られた後の評価

| 2.9、2.10、2.11 モデル評価 |

図2.12.1　第2章の構成（図2.0.1の再掲）

第 **3** 章

実際の最適化で直面する問題と
解決へのアプローチ

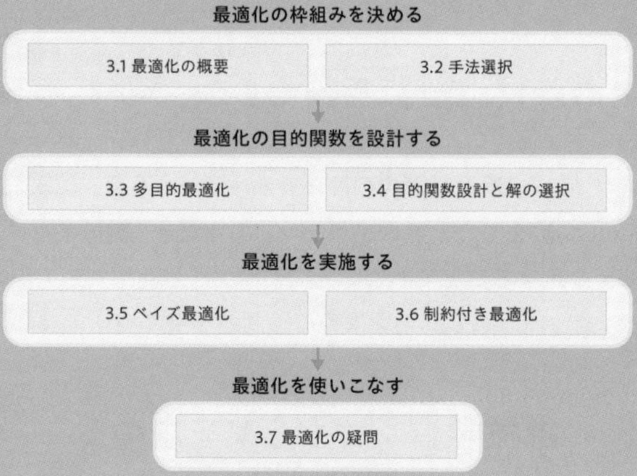

最適化の枠組みを決める

| 3.1 最適化の概要 | 3.2 手法選択 |

最適化の目的関数を設計する

| 3.3 多目的最適化 | 3.4 目的関数設計と解の選択 |

最適化を実施する

| 3.5 ベイズ最適化 | 3.6 制約付き最適化 |

最適化を使いこなす

| 3.7 最適化の疑問 |

図3.0.1 第3章の構成

　第3章では、最適化を用いた実際の現場での課題解決において生じる問題について考えます。**図3.0.1**に本章の構成を示します。まず、最適化の枠組みを決める段階で起こる問題について、3.1節で最適化の概要、3.2節で最適化の手法選択を考えます。次に、最適化の目的関数を設計する際に生じる問題について、3.3節で多目的最適化、3.4節で目的関数設計と解の選択を考えます。次に、最適化を実施する際に生じる問題について、3.5節でベイズ最適化、3.6節で制約付き最適化を考えます。最後に、最適化を使いこなすために、3.7節で最適化の疑問を考えます。第2章と同様に第3章も、3.1節から順番に読んでいくことを想定していますが、読者が現在直面している課題に対応する節から読んでも、またすでによく理解している節を読み飛ばしても問題はありません。それでは一緒に、最適化の応用現場で起こる問題を解決していきましょう。

3.1 最適化で何ができるか？

第3章に入り、本節からは最適化を学んでいきます。最適化については、すでに1.2節で「最適化と機械学習の違い」「なぜ最適化をするのか」を見ましたが、本節では最適化の復習をします。まず、どのような場合に最適化するべきかを考え、次いで、最適化アルゴリズムと、最適化における次元の呪いを見ていきます。

3.1.1 どのような場合に最適化するべきか？

1.2節で示した機械学習と最適化の関係を表す図1.2.6を、図3.1.1に再掲します。ある条件xで実験をしたときの結果がyであるとき、機械学習はこのxとyの関係$f(x)$をモデル化することでした。入力パラメータxに対して出力yを予測する機械学習は、条件に対して結果を求める順問題を解く方法でした。一方、実際

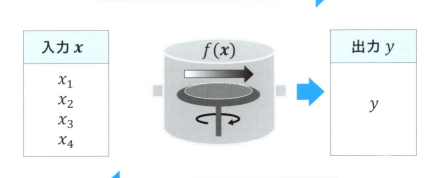

図3.1.1 機械学習と最適化の関係（図1.2.6の再掲）

の応用では所望の結果 y を得るための条件 x を知りたい場合も多く、これは結果 y から条件 x を求める逆問題に対応します。この逆問題を解くための方法の1つが最適化です。逆問題を解く方法には他に、解析的に逆関数を求める、逆問題の入出力をモデル化するなどの方法もありますが、本書では実用的に最も利用されている最適化に絞って解説を進めます。

1.2節で見たように、最適化は関数の最小化問題として定義できます。逆問題を解くことがなぜ関数の最小化になるのか、思考のギャップを感じる読者もいると思います。今、逆問題での所望の結果が「最小の y を得る」ことであれば、そのまま順問題の関数の最小化問題になります。また所望の結果が「最大の y を得る」ことであれば、「最小の $-y$ を得る」と言い換えれば、同様に最小化問題になります。また特定の値を持つ y^* を得たい場合も、「所望の結果 y^* を得るための条件 x を求める」を「所望の結果 y^* からの差の絶対値を最小にする条件 x を求める」と言い換えれば、逆問題が最小化問題になります。

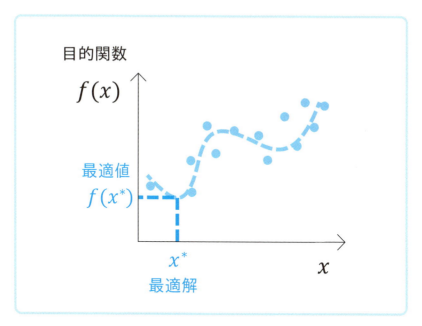

図 3.1.2　関数の最適化（図 1.2.5 の再掲）

最適化では、図 3.1.2 のように、最小化する関数のことを目的関数と呼び、得られた y の最小値を最適値、そのときの x を最適解と呼びます。通常、私たちは目的関数の形を知りえませんので、最適化アルゴリズムを用いて効率的に最適解を探索します。ここで、逆問題の対象となる順方向の関数 $f(x)$ と、最小化をする

関数 $f(x)$ とは、たいていのケースで別であることに注意が必要です。つまり、図3.1.1 の $f(x)$ と図3.1.2 の $f(x)$ は異なる場合が多いです。例えば、順方向の関数を $f'(x)$、最適化の目的関数を $f(x)$ と書くと、「所望の結果 y^* からの差の絶対値を最小にする条件 x を求める」ための目的関数は、

$$f(x) = |f'(x) - y^*| \quad (式3.1.1)$$

と書けますので、両者は異なることがわかります。ここで行った、順問題→目的関数の設定→目的関数の数式化という一連の過程（目的関数設計）は、最適化の成否を決める極めて重要な過程です（図3.1.3）。例えば、ここでは差の絶対値を目的関数としましたが、差の2乗を目的関数に用いることもできます。その結果、所望の結果からより大きく外れた値により厳しい罰則を与える最適化を行うことになり、得られる最適解も変わります。さらにより複雑な目的関数を設計することもできます。目的関数設計においては、現在直面している問題をいかに最小化問題の数式に落とし込むかが重要なポイントであり、次節以降で詳しく議論をしていきます。

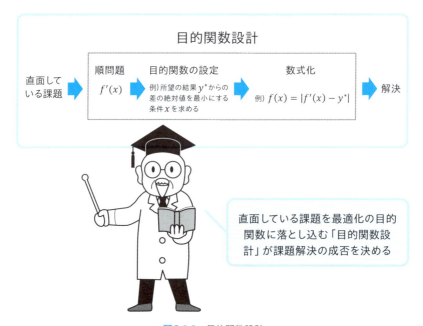

図3.1.3　目的関数設計

本項のまとめ

最適化は、所望の結果 y^* を得るための条件 x を求める逆問題を解く方法の1つです。

直面している課題を最適化で最小化する関数の数式にいかに落とし込むか（目的関数設計）が最適化では重要です。

3.1.2 最適化アルゴリズムは何をしているのか?

1.2節ですでに見ましたが、ここでも再度、最適化アルゴリズムが何をやっているかを確認しましょう。図3.1.2のように、最適化は、目的関数 $f(x)$ を最小にする最適解 x^* を求めることでした。入力パラメータが2つある2次元のパラメータ空間での最適化を図3.1.4に模式的に示します。目的関数の小ささは色の濃さで表され、目的関数が最小となる☆の位置が最適解であり、☆の座標 $(x1^*, x2^*)$ を見つけることが最適化の目的です。☆の位置を見つけるためには、様々な条件 $(x1, x2)$ の組合わせで何度も実験（順問題の試行）を行い、パラメータ空間を探索する必要があります。このとき、私たちは目的関数全体の形（色の濃さの分布）はわからず、実験を実施した点●の位置での情報（目的関数の値（と勾配））のみを知ることができます。

このような状況において、自動的かつより効率的に最適解を見つけるために、次の実験条件を決める方法が最適化アルゴリズムです。定められたルール（アルゴリズム）に基づいて次の実験条件を決めるため、人の判断を必要とせず、自動で次の条件を決めることができます。またアルゴリズムが問題とうまくかみ合えば、少ない試行回数で最適解に到達できます。実験にはコストがかかりますので、少ない試行で最適解に到達できることは大きな恩恵になります。これまでに様々な最適化アルゴリズムが研究・開発されており、代表的な方法には、勾配法、遺伝的アルゴリズム、ベイズ最適化などがあります。それぞれの最適化アルゴリズムには、関数の形状やパラメータ数によって得意不得意があり、どのような問題に対しても有効な万能な方法はありません。どのような問題のときに、どのような手法を使えばよいかは、次節で議論します。

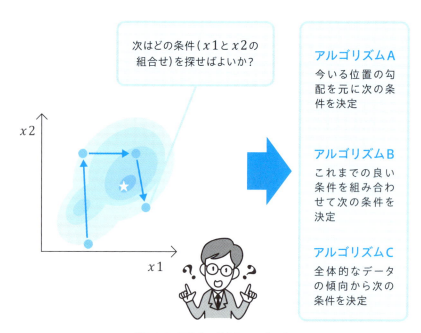

図3.1.4　最適化の進行とアルゴリズム

　最適化における最適化アルゴリズムの役割をフローチャートで表したものが図3.1.5です。最適化をスタートし、初期実験データを取得します。この初期データは新規に取得したデータの他に、過去に取得済みのデータを用いることもできます。次に、最適化アルゴリズムによる条件提示を行い、さらに提示された条件で実験を実施し、得られたデータをデータセットに追加します。この最適化アルゴリズムによる条件提示と、実験実施とデータ追加とを繰り返すことで、問題とアルゴリズムがうまくかみ合えば、最終的に最適解を得ることができます。ここで、毎回1回分の実験条件を提示して実験を行い、1回分のデータを追加することを繰り返すだけでなく、アルゴリズムによっては、一度に複数の実験条件を提示して、1回のループの中で複数の実験を実施する場合もあります。最適化ループは終了条件に従って終了し、最適化が終わります。終了条件には、決められたループ回数や目標値の達成など、目的や状況に応じて様々な条件が用いられます。

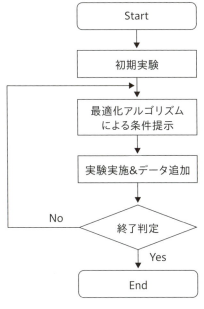

図3.1.5　最適化のフローチャート

本項のまとめ

最適化アルゴリズムは、最適化のループの中で、定められたルールに基づいて次の実験条件を提示します。ループを繰り返すことで最終的に最適解が得られます。

3.1.3　最適化のパラメータも次元の呪い

本節の最後に、最適化における次元の呪いについて議論しましょう。2.2節にて、機械学習に必要なデータ数について考えましたが、そこでは入力パラメータの次元が増えるほど、必要なデータ数が指数関数的に増加することを見ました。まったく同様のことが、最適化のパラメータの次元においても起こります。図3.1.6は最適化における必要な試行回数（最適化アルゴリズムを使わずに網羅的に探索を行った場合）の増加を模式的に表した図です。表とプロット図は、機械学習に必要なデータ数を表した図2.2.5と同じです。探索が必要な空間の広さは、最適化の入力パラメータの次元に対して指数関数で増加します。最適化アルゴリ

ズムによる効率的な探索によって、パラメータ空間を隅々まで探す必要はないとしても、広大な探索空間から最適解を見つけることの難しさは探索空間の広さと密接に関係しますので、入力パラメータの次元に対して指数関数的に探索が困難になります。例えば、パラメータ値が極端な条件（入力パラメータが最大値もしくは最小値を取る場合の組合わせ）を実施するだけでも、2水準の条件が必要ですので、わずか10次元の場合でも1000回以上の試行が必要となります。また、実際の試行を高速な機械学習モデルに置き換えたサロゲート最適化（1.3節参照）において、機械学習による予測によって1回の試行が非常に高速になったとしても、次元の増加による探索空間の増大は深刻です。例えば、1秒間に100万回計算できる機械学習モデルを用いたとしても、1日で9×10^{10}回の計算しかできず、地球が生まれてからの時間46億年を使ったとしても1.5×10^{23}回しか計算できません。機械学習による高速な試行を用いたとしてもこのありさまですので、実際の実験による試行を用いた最適化ではさらにお話になりません。表中の数字と比較すると、次元の呪いの強力さがよくわかります。機械学習の入力パラメータ数のときとまったく同じ結論になりますが、現実的な時間内で最適解を得るためには、最適化の入力パラメータxを選定する際に、関係がありそうなものを何でもかんでも入力パラメータとして追加することをせずに、取捨選択を行うことが大切です。

グリッド状に探索を行う場合のデータ数

次元数	2水準	3水準	5水準	10水準
1	2	3	5	10
2	4	9	25	100
5	32	243	3125	100000
10	1024	59049	9765625	1.00×10^{10}
30	1.07×10^9	2.06×10^{14}	9.31×10^{20}	1.00×10^{30}

1秒に100万回計算できるとしても、太陽系の年齢(46億年)で1.5×10^{23}回しか計算できない

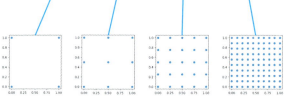

次元の呪い：指数関数的に必要な試行回数が増加する

図3.1.6　最適化における次元の呪い（表とプロットは図2.2.5と同じ）

本項のまとめ

最適化における入力パラメータ数の増加に伴い、探索空間が指数関数的に拡大します。安易に入力パラメータを増やすことには注意が必要です。

Column 何が最適化されるのか？

本節の最後に「最適化」という言葉について考えてみましょう。最適化されるのは x なのか、y なのか、どちらでしょうか？「x を最適化する」と「y を最適化する」のどちらが正しい表現の仕方でしょうか？ 最適解が得られる x の方が最適化の対象でしょうか？ それとも最適値が得られる y の方が最適化の対象でしょうか？ 意味を考えても、どちらも正しいように思われます。実際に、著者のこれまでの経験では、両方の使い方がされています。ですので、どちらの言い方を用いても構わないと思います。

ただし、両方の使い方がなされるということは、「〇〇を最適化する」と言った場合、人によって〇〇が入力パラメータ x であるととらえる人もいれば、出力変数 y であるととらえる人もいることを意味します（図3.1.7）。実際に著者も、「〇〇を最適化する」とだけ聞いて、x と y を取り違えてしまったことを何度か経験しています。最適化においても、入力パラメータ x と出力変数 y が何であるかをしっかりと共有・確認することが大切です。

図3.1.7 「〇〇の最適化」のとらえ方の相違

深層学習における超多パラメータ最適化

Column

3.1.3項の「最適化のパラメータも次元の呪い」において、最適化のパラメータ数が増えると探索空間が広大になり、最適解を得ることが困難になると説明しました。一方で、今日の深層学習の学習パラメータの数は、数百万〜数兆と非常に膨大です。このような膨大なパラメータが作る超高次元空間で、深層学習モデルの予測精度が最も高くなる最適解（パラメータ値の組合せ）を探すのは、絶望的に難しく思われます。しかし、皆さんが目にするAIの予測精度は非常に高く、学習パラメータの最適化が問題なく行われていることがわかります。この深層学習における超多パラメータ最適化がうまく行く理由は、大きく2つあり、なぜ深層学習が高い性能を発揮できるかともつながっていると考えられています。

一つ目の理由は、ニューラルネットワークの学習において目的関数が凸関数で十分なニューロン数が存在する（自由度が高い）場合には、ニューロン数が限られている場合に局所的最適解（ローカルミニマム）に見えたものは高次元では接続しており、大域的最適解にもつながっていることです[1]。したがって、自由度を高くすることでローカルミニマムに解がトラップされず（ただし、平坦な場所は多く存在する）、大域的最適解にたどり着くことができると言われています。

二つ目の理由は、ニューラルネットワークの学習パラメータが作る超多パラメータの最適化空間では、学習パラメータの初期値のすぐ近くに最適解が存在することです[2]。ニューラルネットワークの学習パラメータ数がデータ数よりもはるかに多い場合、学習対象の関数を表現する学習パラメータ値の組合せは膨大にあります。すなわち、学習パラメータが作る超多パラメータ最適化空間内には、最適解が至る所に存在することを意味します。それらの最適解のひとつは、任意の学習パラメータの初期値のすぐ近くに存在することが知られています。そのため、超多パラメータ空間であったとしても最適解を見つけることができると言われています。

このように、深層学習の学習における学習パラメータ θ の最適化には、広大な探索空間において最適解を見つけることを可能にする仕掛けがあります。一方で、本書で対象とする入力パラメータ x の最適化においては、通常はそのような仕掛けはありません（学習パラメータ θ と入力パラメータ x の違いについては、Important「関数の入力パラメータと学習パラメータ」を参照してください）。したがって、パラメータ数が増えるほど、探索空間が広大になり、解を探索する難易度は高くなります。

---

[1] Venturi, Bandeira, Bruna: Spurious Valleys in One-hidden-layer Neural Network Optimization LandscapeJMLR, 20:1-34, 2019.

[2] https://doi.org/10.1162/neco_a_01295

3.2 どの最適化手法を選べばよいか?

今日までに様々な最適化手法が提案・研究されていますが、どのような問題に対しても性能の良い汎用的な最適化手法はこの世の中には存在しません。これは「No free lunch」という有名な言葉とともに、理論的に証明（No free lunch定理）されています。このことはつまり、より少ない試行回数でより良い解を得るためには、問題の内容に合わせて最適化手法を選択する必要があることを意味しています。

本節では、手法選択の第一歩として、まず連続最適化と組合せ最適化の違いを見たのち、最適化に必要な試行回数の観点から適した最適化手法を議論し、最後に、リアル試行と仮想試行による最適化の違いを考えます。

3.2.1 連続最適化と組合せ最適化の違いは?

最適化問題には、大きく分けて「連続最適化」と「組合せ最適化」の2つがあります（図3.2.1）。図3.1.2や図3.1.4のように、実はここまで本書で例示してきた最適化問題は、すべて連続最適化でした。連続最適化は読んで字のごとく、入力パラメータが連続値である最適化です。ものづくりの製造装置における製造条件最適化のように、パラメータの種類は決まっていて、各パラメータの値の最適解を求める問題です。機械学習の学習パラメータを求める問題も、連続最適化です。本書は連続最適化を主な対象としますが、本項では組合せ最適化も見てみましょう。

組合せ最適化は、複数の候補から目的関数を最小にするパラメータの組合せを見つける問題です。図3.2.2に代表的な組合せ最適化問題である巡回セールスマン問題を図示します。セールスマンが複数の企業を順番に訪問するときに、どのルートが最も移動距離が少なくて済むかを求める問題です。最適化の入力パラメータはビル同士を結ぶ道路で、目的関数は道路の合計の長さです。この問題は、数ある道路の候補から実際に通る道路の組合せを求める組合せ最適化問題となります。組合せ最適化問題にはその他に、配送エリア全体を最小の配送者でカバーする人員配置を考える配送計画問題、従業員の勤務時間や勤務場所を最適化する勤務スケジューリング問題、ナップサックの中に入れる品物の価値合計を最大にするナップサック問題など、身近な問題から大規模な問題まで、様々な問題が該当します。

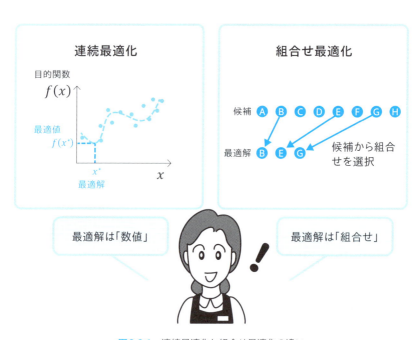

図3.2.1 連続最適化と組合せ最適化の違い

巡回セールスマン問題

「どのルートが最も移動距離が少なくて済むか」

図3.2.2 組合せ最適化問題の1つの巡回セールスマン問題

最適化手法を選択する際は、今直面している問題が、連続最適化問題であるか、組合せ最適化問題であるかを判断することが、第一歩となります。ただし、遺伝的アルゴリズムのように、本来は組合せ最適化問題用のアルゴリズムでありながら、連続最適化問題にも効果的に用いることができる方法もあります。また、問題設定の工夫によって、組合せ最適化問題を連続最適化問題に変換したり、逆に連続最適化問題を組合せ最適化問題に変換したりすることで、それぞれの最適化手法を効果的に用いることができる場合もあります。さらには、新物質の探索の例（図3.2.3）のように、まず元素の組合せを求め、次いで元素の組成を求めるといったような、組合せ最適化と連続最適化が複合している問題もあります。

物質探索：組合せ最適化と連続最適化の複合

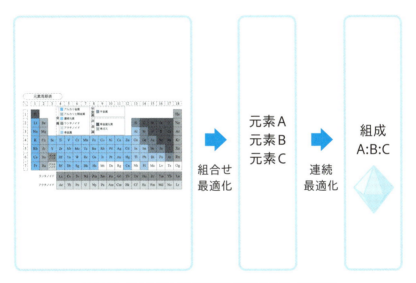

図3.2.3　組合せ最適化と連続最適化の複合の例：物質探索

本項のまとめ

　最適化は、連続最適化と組合せ最適化に分類でき、それぞれ次のような特徴があります。
　連続最適化：目的関数を最小にするパラメータの値を求める。最適解は数値。
　組合せ最適化：複数の候補から目的関数を最小にするパラメータの組合せを見つける。最適解は組合せ。

3.2.2 試行回数から考える手法選択

　連続最適化において、手法を決める際に考慮すべき要素はいくつかありますが、なかでも「最適化に使える試行回数」は重要な要素です。2.2節では、機械学習において、用いることのできる教師データ数から機械学習モデルの手法・複雑さを考えましたが、最適化においても同様に、今回の最適化のために使える試行回数から、用いる最適化手法を考えることができます。「使える試行回数」の意味は、リアル実験による最適化であれば実験が何回できるか、シミュレーションや機械学習モデルによる仮想実験であれば計算が何回できるかに相当します。リアル実験による最適化の場面では、今回の最適化に投入できるコスト（費用・時間・人手など）から、仮想実験であれば試行1回当たりの計算時間と投入できる時間から、おおよその回数を見積もることができます。また逆に、機械学習の場合にモデル化対象の関数のパラメータ数と複雑さから必要なデータ数を見積もったように、今回最適化したい対象の関数のパラメータ数と複雑さから最適化に必要な試行回数を見積もることもできます。それでは、試行回数以外の特徴もあわせて見ながら、最適化手法を眺めていきましょう。なお、ここで紹介する手法以外にも様々な方法がありますので、必ずしもこれらの手法だけにとらわれる必要はありません。

勾配法

　勾配法[1, 2]は、関数の微分（勾配）に関する情報を最適解の探索に用いる方法の総称です。勾配法に分類される方法には、最急降下法、ニュートン法、準ニュートン法、確率的勾配降下法など、用いる微分の階数、勾配情報の扱い方の違いによって様々な方法があります。勾配情報を用いることで格段に効率的な探索が可能になるため、非常に少ない試行回数で最適解に到達することができます。ただし、関数が不連続で勾配が求められない場合や勾配を求めること自体に大きな計算コストがかかる場合、実際のリアル実験のように勾配を直接求めることができない場合もあり、勾配情報の取得の可否が勾配法を適用できるかどうかを決めることが多いです。また図3.2.4のように、局所解にトラップされやすく、そのため得られる解が初期値に依存することには注意が必要です。局所解を回避するために、多数の初期値から探索を行うことやランダム性を有する探索と組み合わせ

ることも行われます。また、誤差逆伝播法やアジョイント法など、勾配法に用いる微分を効率的に計算する手法も多く研究されています。ニューラルネットワークの学習にも勾配法が用いられており、誤差逆伝播法によって計算された勾配情報を用いて、Adam（Adaptive Moment Estimation）などの勾配法を用いて、損失関数を最小にする学習パラメータ（重み）が求められています。

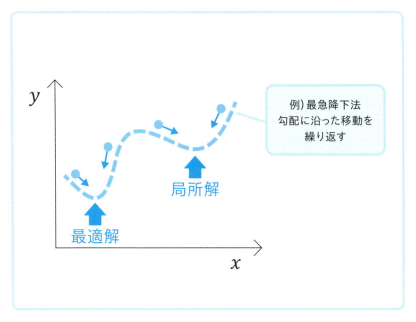

図3.2.4　勾配法における最適解と局所解

ベイズ最適化

　ベイズ最適化[3]は、確率モデル（機械学習モデル）に基づいて次の実験条件を決定する逐次最適化手法であり、広範な問題に対応できる最適化フレームワークです。機械学習モデルからの予測値だけでなく、予測の不確実性の情報を用いることで、探索（予測の不確実性が高い未実施の条件を優先的に取得）と活用（予測値が良い条件を優先的に取得）の両方をバランスよく考慮した、柔軟な最適化を行うことができます。データ数が少ない状況において、確率モデルによって"この辺りが良さそう"と当たりを付けながら効率よく探索をすることができるため、最適化に使える試行回数が少ない場合に用いられることが多いです。逆に、データ数が膨大になると次の試行条件を導出する計算に時間がかかり、また多数

のパラメータには対応が難しいため、比較的、少試行回数・少パラメータ数の最適化が得意です。詳細や具体例は、3.4節、3.5節でも説明しますので、そちらも参照してください。

遺伝的アルゴリズム

遺伝的アルゴリズム[4]は、生物の遺伝進化に倣った最適化手法です（図3.2.5）。複数の個体（解の候補）の中で、適応度の高い個体を選択し，個体に対して多様性を保つために交叉、突然変異などの操作を経て次世代に引き継ぐことを繰り返すことで最適解の獲得を目指す方法です。遺伝的アルゴリズムは組合せ最適化のための方法ですが、目的に合わせて、適応度の評価法や次世代への引き継ぎ方の異なる様々な進化戦略・アルゴリズムが開発されています。例えば、交叉や突然変異ではなく多変量正規分布から個体を生成する連続値最適化問題のための手法（CMA-ES[5]）や、個体の評価にパレートフロントへの近さと他の解との近さを用いる多目的最適化問題のための手法（NSGA-Ⅱ[6]）などがあります。突然変異といったランダム要素があり、生物の進化と同様にある意味"数打てば当たる"という発想の最適化手法ですので、最適解を得るまでに必要な試行回数は多くなりがちです。むしろ、大量試行が可能な場合に、試行を並列させながら効率よく最適化できる手法と言えます。さらに、ランダム性のため局所解にトラップされにくい、勾配計算や機械学習モデル作成が不要であるため計算が比較的速い、多パラメータにも対応できるなどのメリットも有します。自然界に着想を得た最適化手法としては、他に、粒子群最適化、蟻コロニー最適化などがあります。いずれの手法も、自然界での最適化の問題設定と似た設定の問題に対しては強力な手法となります。

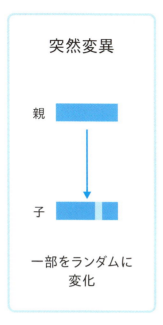
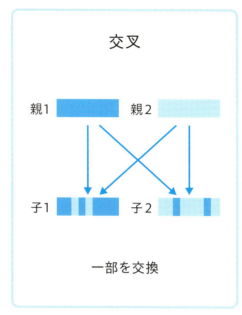

図3.2.5　遺伝的アルゴリズムにおける突然変異と交叉

実験計画法

　最適化とは目的が少し異なりますが、どのような条件で実験をするかを決定する方法として、実験計画法[7]にも言及しておきましょう。3.1節の図3.1.6のように、パラメータ空間を満遍なく網羅するためには、水準数のパラメータ数乗の実験回数が必要となり、実験回数はパラメータ数とともに指数関数的に増加し膨大な数となります。そこで、必要な情報の抽出に最低限必要な実験条件のみを選択する（網羅水準から不要な実験条件を間引く）方法が実験計画法です。抽出したい情報に合わせて様々な計画法があります。

　直交表は、2水準のときの実験条件を実験計画法によってまとめた表で、パラメータ数ごとに表としてまとめられています。図3.2.6は、パラメータ数が3のときの直交表です。網羅水準では$2^3 = 8$回の試行が必要なところ、4回の試行で済むことがわかります。

　ラテン超方格法は、パラメータ空間において、与えられた実験回数で均一に実験条件を設定する方法です。実験回数を先に与えることができるため、実用的で便利な方法です。

　ランダムサンプリングもパラメータ空間に実験条件を割り付ける方法としてよ

く用いられます。ただし、ランダムサンプリングは数が少ないときは条件が偏ることもあるため、注意が必要です。

これらの実験計画法による実験条件の決定は、パラメータ空間から均一かつ効率的に条件を抽出する方法として、機械学習の教師データを作成する際の条件選択、最適化における初期条件の選択などにもよく用いられています。

図3.2.6　実験計画法の直交表の例

最後に、「実験計画法」という用語の使用についての注意です。実験計画法における実験条件決定法には、上で述べたように様々な方法があり、得られる条件はどの計画法を用いるかによって異なります。例えば、直交表は2水準ですので得られる条件はパラメータ空間の端の条件となりますが、ラテン超方格法ではパラメータ空間内部の条件も満遍なく得られます。また実験計画法には、計画法によって決定した条件での実験結果から各パラメータの影響の有無を調べるような、要因解析も含まれます。さらには、ベイズ最適化のように、次の実験条件を決定するための理論分野を「実験計画」と呼ぶこともあります。そのため、「実験計画法」と言われたときに、想像する具体的な技術は人によって大きく異なります。実際に著者も、「実験計画法」について話をしていて、議論がかみ合わない経験を何度もしていますが、その原因は互いに異なる実験計画法を想定していたためでした（図3.2.7）。「実験計画法」に限った話ではありませんが、機械学習や最適化の分野は、様々な応用対象分野から様々な用語と定義が集まっているため、人に

よって用語の定義や範囲が異なることがよくあり、互いの認識を合わせることはとても大切です。

図3.2.7　実験計画法という言葉から連想されること

本項のまとめ

最適化手法の選択においては、最適化に使える試行回数が1つの目安になります。また各最適化手法には、次の特徴があります。
- **勾配法**：関数の微分（勾配）に関する情報を最適解の探索に用いる手法の総称。勾配情報が得られるかどうかが使用の決め手。
- **ベイズ最適化**：確率モデルに基づいて次の実験条件を決定する逐次最適化手法。活用と探索をバランスよく考慮した柔軟な最適化。
- **遺伝的アルゴリズム**：生物の遺伝進化に倣った最適化。大量試行に適する、局所解にトラップされにくい、などのメリットあり。
- **実験計画法**：パラメータ空間に満遍なく条件を割り付ける方法。様々な手法・意味を内包するため、「実験計画法」という言葉の使用には注意。

3.2.3 リアル試行と仮想試行による最適化の違いは?

　本節の最後に、最適化ループ内での試行が実際のリアル試行であるか、仮想試行であるかの観点から、最適化の構成と特徴を整理しましょう。図3.2.8に構成をまとめた図を示します。仮想試行には、シミュレーション試行と機械学習試行があり、さらにシミュレーションで作成したデータを用いて訓練した機械学習による組合せ試行も考えると、大まかには4種類の構成に分類することができます。それぞれの特徴を見ていきましょう。

リアル試行を用いた最適化

　リアル試行を用いた最適化の最大の利点は、結果が直接得られ、得られた最適解をそのまま使用できることです。アルゴリズムが適切であれば、少ないリアル試行回数で最適解を得ることができます。また構成がシンプルであるため導入障壁も低く、シミュレーションや機械学習の環境や実施コストも必要ありません。実際のリアル試行において大きなコストが発生する場合は、問題の性質や探索範囲内に解があることがわかっている状況で用いると効果が高いでしょう。例えば、製造装置のメンテナンス後の条件出しのように、過去に何度も実績があり、適したアルゴリズムや解の存在がわかっている場合には、最適化の確実性が高いでしょう。一方で、影響するパラメータの種類や範囲が不明な場合やリアル試行が非常に高コストで何度も実験することが現実的には難しい場合に、リアル試行で条件探索を進めることは、ある種の賭けとなりますので、予定した試行回数で良い条件が得られないといった結果になることもあり得ます。

シミュレーション試行を用いた最適化

　シミュレーション試行を用いた最適化の利点は、多くの場合でシミュレーション試行はリアル試行に比べるとコストが低いことです。シミュレーションでは、リアル試行における物理現象をモデル化して、コンピュータ内でモデル方程式を解くことで、リアル試行の結果をシミュレート（模倣）します。加えて、シミュレーションでは、リアル試行では観測・評価が難しい物理量も得ることができますので、それらを目的関数に用いた最適化を行うこともできます。例えば、構造材において、壊れにくい材質・構造の最適化を行う場合、リアル試行では破壊の有無での評価となるところを、シミュレーション試行では計算された構造材内部

リアル試行

リアル　最適化アルゴリズム

使用

- 結果が直接得られる
- アルゴリズムが適切であれば、少ない回数で最適解が得られる

シミュレーション試行

リアル　シミュレーション　最適化アルゴリズム

置き換え　使用

- シミュレーション試行はリアル試行に比べるとコストが低い
- 最適化がコンピュータで完結するため自動化できる
- リアル最適解の精度はシミュレーション精度の影響を受ける

機械学習試行

リアル　機械学習　最適化アルゴリズム

置き換え　使用

- 機械学習試行はリアル試行に比べるとはるかにコストが低い
- 教師データ作成のためのリアル試行は必要
- リアル試行にノイズが含まれる場合も統計的に解が求められる

組合せ試行

リアル　シミュレーション　機械学習　最適化アルゴリズム

置き換え　置き換え　使用

- 機械学習試行はシミュレーション試行に比べるとコストが低い
- 教師データ作成のためのシミュレーション試行は必要

図3.2.8　最適化に用いる試行の観点からの最適化の構成と特徴の整理

3.2　どの最適化手法を選べばよいか？

の応力分布を目的関数に用いることで、より詳細な最適化を行うことができます。また、シミュレーションと最適化アルゴリズムの両方をコンピュータ内で行うことができるため、人が介在せずに最適化のループを自動で回すことができることも大きな利点です。また近年は、シミュレーションでの計算に目的関数に対する勾配計算を組み込み、シミュレーション結果とともに勾配情報を取得し、勾配法による最適化に用いることで、効率よく最適化をするような、シミュレーションと最適化を組み合わせる技術の開発も進んでいます。

　一方で、シミュレーション結果はあくまでも計算結果ですので、リアル試行の結果とは差異があり誤差が含まれます。したがって、得られた最適解にも、リアル試行に対するシミュレーションの再現精度の誤差が乗ることに注意が必要です。なお、このリアル試行結果に合うようにシミュレーション精度を向上させる方法は、データ同化と呼ばれる技術として、研究開発が進められていますが、そこでも様々な最適化手法が用いられています。

機械学習試行を用いた最適化

　機械学習試行を用いた最適化の利点は、シミュレーション試行と同様に、リアル試行に比べるとコストが低いことです。シミュレーション試行と異なる点は、シミュレーション試行では物理法則がわかればリアル試行データは不要であったのに対して、機械学習試行では教師データのためにリアル試行データが必要である点です。ですので場合によっては、（教師データ作成に必要なリアル試行回数）＞（リアル試行最適化での試行回数）となり、かえって試行回数が増えることもあり得ます。ただし、ひとたび機械学習モデルを作成してしまえば、同じ機械学習モデルを目的関数や制約条件を変えた別の最適化にそのまま利用することができます。次節以降で議論するように、実際の最適化では、制約を調整して最適化を繰り返すこともよくあり、そのような場合には、リアル試行を行うコストをかけても機械学習モデルを作成してしまうことは有益です。なお、ここで用いる機械学習モデルは、パラメトリックモデル、ノンパラメトリックモデルの両方を用いることができます。物理法則がわかればパラメトリックモデルを用いることで少ないデータ数でより正確なモデルが作れますし、物理法則がわからない、もしくはより柔軟なモデル化をしたい場合はノンパラメトリックモデルを用いることができます。

　用いる最適化手法について、機械学習試行は非常に高速ですので、最適化において膨大な数の試行を許容できます。したがって、網羅探索や遺伝的アルゴリズムのように大量試行を前提とした探索方法とは相性が良いです。加えて近年は、

作成した機械学習モデルに対して自動微分を用いることで、勾配を容易に計算できるような環境が整いつつあります。得られた勾配を用いて、勾配法による効率的な最適化を行うことができます。また別の利点として、リアル試行にノイズが含まれる場合にも、統計的に機械学習モデルを作成することで、合理的な最適解が得られることが挙げられます。最適化アルゴリズムの中には、ノイズ（同じ条件で試行をしても結果が変わる）に弱い方法もあります。ノイズを含むリアル試行の最適化にそのような方法を用いてしまうと、適切な最適解が得られません。ノイズを打ち消すほどのデータ量があることが前提とはなりますが、機械学習試行はノイズの影響を除去した試行となりますので、ノイズに弱い最適化手法も用いることができます。

シミュレーションと機械学習を組み合わせた試行の最適化

シミュレーションと機械学習を組み合わせた試行の最適化の特徴は、機械学習によってシミュレーション試行のコストが軽減されることです。リアル試行よりもコストが小さいとはいえ、シミュレーション試行にもコストがかかります。リアルな状況を細かく再現すればするほど、シミュレーション試行1回当たりの計算時間は延び、場合によっては、〜数時間、〜数日といった時間を要します。このようなシミュレーション試行を最適化のループごとに行うと、最適解を得るまでには膨大な時間を要してしまいます。そこでシミュレーション試行をさらに機械学習試行に置き換えることで、高速に最適化を行えるようになります。機械学習モデルの学習のためには、シミュレーション試行によって作成した教師データが必要となりますが、このデータは実験計画法などによって条件を一括して決めることで、並列して計算することができます。したがって、シミュレーション試行での最適化が最適化ループごとにシミュレーションを行うこと（すなわち計算が直列）であったのに対して、組合せ試行での教師データ作成のためのシミュレーションは一括（すなわち計算が並列）となり、合計の計算量が同じだとしても短時間で完了することができます。近年は、クラウドコンピューティングなど、並列して計算できる環境が整いつつありますので、この利点はより強調されています。また機械学習試行の利点と同様に、ひとたび機械学習モデルを作成してしまえば、制約などの条件を変えた別の最適化に利用することができる、大量試行を前提とした最適化法が有効、自動微分による勾配計算もできるという利点も持ちます。ただし、リアル→シミュレーション→機械学習と2回の置き換えを経ることになりますので、得られた最適化結果には2回分の誤差が乗ることには注意が必要です。

以上のように、本項では、頭の整理のために最適化手法を、リアル、シミュレーション、機械学習、シミュレーションと機械学習の組合せの4種類に分類しましたが、最適化手法は必ずしもこの4種類に限定されるものではありません。例えば、ベイズ最適化は、全体を1つの最適化手法とみなせばリアル試行の最適化となりますが、内部的には機械学習モデルを作成して最適化を行う機械学習試行の最適化と見ることもできます。また近年は、シミュレーションと機械学習の融合が進んでおり、ここでの組合せ試行の最適化で例示した、シミュレーションで作成した教師データを機械学習で学習するといった段階を踏んだ組合せの他に、シミュレーションをベースラインとして機械学習モデルを構築したり、シミュレーション結果を機械学習モデルの入力としたり、より複雑な構成が多く提案されています。やはり、最適化におけるリアル、シミュレーション、機械学習の組合せも、すべての問題に汎用的に使うことができる構成はない「No free lunch」です。それぞれの利点、特徴、適用可能性を判断しながら、適切な構成を考えることが大切です。

本項のまとめ

最適化における試行が、リアル、シミュレーション、機械学習、シミュレーションと機械学習の組合せ、のいずれであるか、からも最適化手法選択を考えることができます。それぞれには次のような特徴があり、状況を考慮しながら適切な構成を考えることが大切です。

リアル試行：結果が直接得られる。最適化アルゴリズムが適切であれば、少ない回数で最適解が得られる。

シミュレーション試行：リアル試行よりも試行コストが低い。最適解にはシミュレーションの誤差が乗る。

機械学習試行：リアル試行よりも試行コストが低い。教師データ作成のためのリアル試行が必要。最適解には機械学習の誤差が乗る。

組合せ試行：シミュレーション試行よりも試行コストが低い。教師データ作成のためのシミュレーション試行が必要。最適解にはシミュレーションと機械学習両方の誤差が乗る。

得られた最適化結果は、言われたら当たり前だけど、言われるまでは思いつかない

組合せ最適化の例として、著者らが行った事例「結晶成長炉内の温度センサー位置の最適化」[8] を紹介しましょう（図3.2.9）。坩堝中の融液を一方向に凝固させて結晶インゴットを作製する縦型ブリッジマン型の結晶成長装置では、結晶成長の制御において坩堝内の温度分布は非常に重要です。そこで、実際の結晶成長装置内の坩堝側面に複数の温度センサーを取り付けて温度分布を取得することにしました。ここで直面した課題が、坩堝側面のどの位置に温度センサーを取り付ければよいかです。具体的に今回のケースでは、高さ20cmの坩堝の側面4か所に温度センサーを取り付けることを企画しました。

始めに、センサー位置の最適化という課題を、次のように具体的な最適化問題に落とし込みました。まず、坩堝側面の高さ0cmから20cmまで、1cm刻みで21か所のセンサー取り付け位置の候補を設定しました。そして、センサー位置の最適化を、21か所の候補から4か所の位置を選択する組合せ最適化として考えました。次に、「よいセンサー位置とはどのような状態か」という問いに対して、「4か所のセンサーから得られる温度から、坩堝側面21か所の温度をより良く予測できる」という答えを考えました。そして、この考えに対応する目的関数として「4か所のセンサー温度を入力、21か所の温度を出力とする機械学習モデルの予測誤差」を設定し、全探索法、すなわち21か所の候補から4つを選択する組合せの数、$_{21}C_4 = 5985$、の機械学習モデルをニューラルネットワークによって作成し、その予測誤差を比較して、最も予測精度の高いモデルに使用した4か所のセンサー位置を最適解としました。なお、ここでの機械学習の教師データには、実際の結晶成長実験において用いるヒータ出力および坩堝位置での結晶成長シミュレーションを複数回実施し、シミュレーション結果から抽出した坩堝側面の温度を用いました。

前節で見たように、実際の課題を最適化の問題として落とし込むためには、順問題→目的関数の設定→数式化となりますが、この事例のように、機械学習も挟んで複雑な構成となることがよくあります。この最適化事例の順問題と目的関数を整理してみましょう。

順問題：入力は4か所の熱電対位置、出力はよく学習された機械学習の予測誤差。
目的関数：よく学習された機械学習の予測誤差（順問題の出力）。

ここで、機械学習の入力は4か所の熱電対の温度、ヒータ出力、坩堝位置で、機械学習の出力は21か所の温度であり、最適化の順問題の入出力とは異なります。実際の最適化においても、最適化の順問題と機械学習モデルとの入出力が一致しないケースはよくありますので、混同しないように注意が必要です。

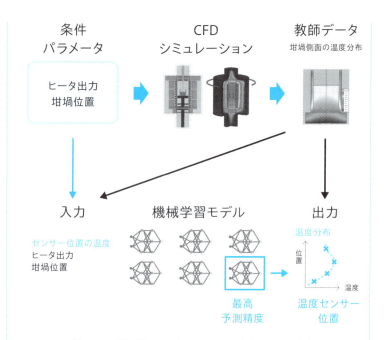

図3.2.9　坩堝側面の温度センサーの最適化のための構成

さて、この最適化で得られた温度センサー位置の最適解を見てみましょう。最適化の結果、図3.2.10に示すように、4か所の温度センサー位置として、坩堝底から0、1、2、9cmの位置が得られました。坩堝側面において、全体をカバーするような均等な間隔での配置ではなく、坩堝底付近に集中して温度センサーを配置した方が良いという結果が得られました。この結果は、物理的な観点からは次のように解釈できます。坩堝底から0cmの位置は坩堝と坩堝台の境界、坩堝底から1cmの位置は融液と坩堝の境界位置に対応しています。融液、坩堝、坩堝台は材質が異なりますので、熱伝導率が異なり、これらの境界には温度分布の変曲点が現れます。つまり、全体の温度分布を予測するためには、変曲点の温度を正確に知っていた方が良い、と解釈できます。また、この結晶成長装置の特徴として、坩堝底に近い方が、温度変化が急峻になる傾向があります。すなわち、坩堝底付近に温度センサー位置が集中したことは、変化が急峻な領域の温度を知っていた方が全体の温度分布を正確に予測しやすい、と解釈できます。最適化の結果によって示唆されたこれらの知見は、物理的に考えても十分納得できる内容であり、むしろ言われてみれば当たり前のことでした。

最適化に対して、我々はつい、人間が思いつかないような結果や考えていなかったような結果を期待してしまいます。しかし、この「最適化の結果が言われてみれば当たり前の結果であった」という事柄は、物理的な事象と整合が取れていることを意味し、喜ぶべきポジティブな結果であるととらえるべきです。またこの事例のように、通常は温度センサーは均等な間隔で全体に均一に配置する、という常識にとらわれた頭では、温度変化の変曲点や温度

変化が急な坩堝底付近に温度センサーを集中的に配置した方がよい、とはなかなか思いつきません。言われてみれば当たり前ですが、言われないと気が付かないことを教えてくれることも、最適化の恩恵の1つであると思います。

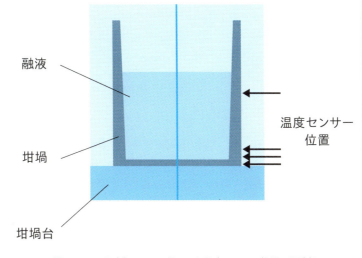

図3.2.10　最適化によって得られた温度センサー位置の最適解

参考文献

[1] 梅谷俊治 著, "しっかり学ぶ数理最適化 モデルからアルゴリズムまで", 講談社 (2020).

[2] 金森敬文, 鈴木大慈, 竹内一郎, 佐藤一誠 著, "機械学習のための連続最適化", 講談社 (2016).

[3] B. Shahriari, K. Swersky, Z. Wang, R. P. Adams and N. de Freitas, "Taking the Human Out of the Loop: A Review of Bayesian Optimization", in Proceedings of the IEEE, 104(1), pp.148-175 (2016).

[4] 大谷 紀子 著, "進化計算アルゴリズム入門 生物の行動科学から導く最適解", オーム社 (2018).

[5] N. Hansen, A. Ostermeier, "Adapting arbitrary normal mutation distributions in evolution strategies: The covariance matrix adaptation". Proceedings of the 1996 IEEE International Conference on Evolutionary Computation (IEEE), pp. 312-317 (1996).

[6] K. Deb, A. Pratap, S. Agarwal, and T. Meyarivan, "A fast and elitist multiobjective genetic algorithm: nsga-II", Trans. Evol. Comp, 6(2), 182–197 (2002).

[7] 森田浩 著, "図解入門 よくわかる最新実験計画法の基本と仕組み [第2版]", 秀和システム (2019).

[8] A. Boucetta, K. Kutsukake, T. Kojima, H. Kudo, T. Matsumoto, and N. Usami, "Application of artificial neural network to optimize sensor positions for accurate monitoring: an example with thermocouples in a crystal growth furnace", Appl. Phys. Express 12(12), 125503-1-5 (2019).

3.3 多目的最適化：複数の目的を同時に考慮するにはどうすればよいか？

実際の最適化では目的が複数ある場合が多くあります。本節では、まず多目的最適化の解の集合であるパレート解について学びます。次いで、多数の解からどのように実際に用いる条件を選択すればよいかを考えます。

3.3.1 パレート解とは？

　実際の最適化の課題では、複数の目的を同時に考慮しなければならない状況が多々あります。例えば、ほとんどのものづくりでは、開発・製造・原料などのコストをかければかけるほど製品の性能は向上すると考えられますが、際限なくコストをかけられるわけではなく、コストは低ければ低いほど利益が上がります。すなわち、製品品質とコストの間には、あちらを立てればこちらが立たずというトレードオフの関係があります。図3.3.1にトレードオフの関係にある2つの目的関数（今回は性能とコスト）における解の関係を示します。性能が良く、コストが低い理想的な状態は、グラフ左下の原点に相当し、原点に向かう方向が最適化の方向になります。トレードオフの関係にある複数の目的関数での最適化では、理想的な状態（原点）に向かう方向で先頭にいる解は、後方にいる解（劣解）よりは優れていますが、先頭にいる解同士は互いにトレードオフの関係にあるため、優劣をつけることはできません。このような理想的な状態に向かって先頭にいる解の集合を「パレート解」と呼び、パレート解を結んだ線を「パレートフロント」と呼びます。パレートフロントは、目的関数空間が2次元では線、3次元では面と、N次元の目的関数空間に対してはN-1次元となります。多目的最適化では、パレート解・パレートフロントを求めることが、解を得ることに相当します。多目的最適化を解く方法は様々にありますが、詳細は専門書[1]に譲ります。今日では、便利なライブラリやアプリケーションソフトを手軽に利用することができるため、多目的最適化を導入する障壁は低くなってきています。

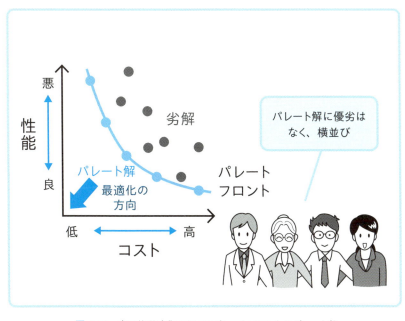

図3.3.1　多目的最適化におけるパレートフロントとパレート解

パレート解・パレートフロントを得ることのメリット

　ここでは、パレート解・パレートフロントを得ると、どのような良いことがあるかを考えてみましょう。第一に、トレードオフの限界点・妥協点が定量的にわかることです。「このコスト範囲ではここまで性能が上げられる」といった限界点、逆の視点で、「この性能値まで妥協すればここまでコストが下げられる」といった妥協点が、コスト、性能を変数として連続的に得られます。この限界点・妥協点の変化の情報は、どのような性能・コストの製品を作るかという重要な意思決定をするために必須な情報となります。

　またパレートフロントの形状からも重要な情報を得ることができます。パレートフロントは、必ずしも図3.3.1のように滑らかで連続的であるとは限りません。例えば、図3.3.2のように、不連続に分布し、複数のグループから構成される場合もあります。グループ間でコスト・性能のトレードオフの関係が変わっていますので、各グループの特徴や変化の理由・要因を調査することで、新たな知見を得て、元の設計に活かすことができます。また次節で詳しく議論しますが、パレートフロントの形状やグループの特定は、パレート解から実際に実施する解を選択するために役に立ちます。

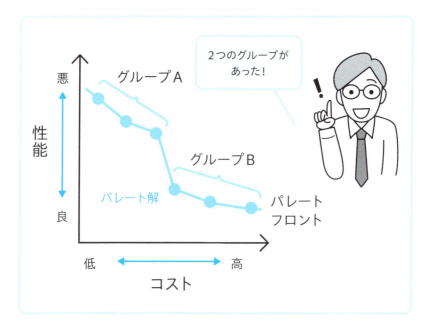

図3.3.2　パレートフロントの形状からの考察

本項のまとめ

多目的最適化では、トレードオフの関係にある複数の目的関数に対して、パレート解・パレートフロントを得ることが、解を得ることに相当します。パレート解・パレートフロントを得ることには次の恩恵があります。

- パレート解・パレートフロントが得られると、トレードオフの限界点・妥協点がわかる。
- パレートフロントの形状からも、複数のグループの存在など重要な情報を得ることができる。

3.3.2　多目的最適化の次元の呪い

前項で見たように、多目的最適化におけるパレートフロントは、目的関数の数を N とすると、N-1次元となります。マイナス1されるとはいえ、目的関数の数のべき乗でパレートフロントの空間が広がりますので、パレートフロントを求めるためのパレート解の個数もべき乗で増加します。そのため、これまでに見た、

機械学習の入力パラメータ数に対する必要な教師データ数（2.2節）、最適化の入力パラメータ数に対する探索空間の広さ（3.1節）と同様に、次元の呪いの問題が存在します。例えば、遺伝的アルゴリズムのNSGA-Ⅱで多目的最適化を行う場合、世代交代における1世代当たりの試行数（個体数）がパレート解の個数に相当するため、目的関数の数のべき乗で試行数が増加することになります。

最適化に必要な試行数に対する入力パラメータ数と目的関数の数の影響を整理すると、図3.3.3のようになります。入力パラメータ数の増加は探索空間の広さの拡大をもたらし、探索空間が広くなればなるほど最適解を見つけることがより困難になります。このことは最適化のフローチャートでは、最適解を得るために、最適化ループの回数がより多く必要になることを意味します。一方、目的関数の数の増加はパレートフロントの次元数の増加をもたらし、パレートフロントを求めるためにより多くのパレート解が必要になります。このことは最適化のフローチャートでは、1ループ当たりのパレート解の候補数（試行数）が増えることに相当します。最適化全体では、（1ループ当たりの試行数）×（ループ回数）の試行数が必要となりますので、入力パラメータ数と目的関数の数のいずれもが、最適化に必要な試行数に対してべき乗で影響することになります。次元の呪いは、多目的最適化では深刻な問題です。

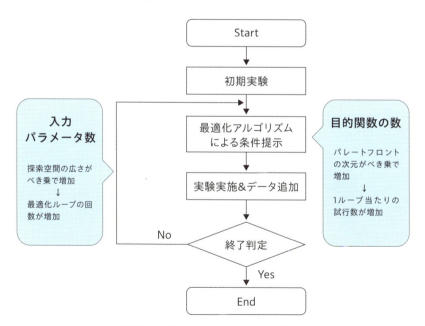

図3.3.3　最適化における入力パラメータ数と目的関数の数の影響

試行数が膨大となってしまうこと以外の、パレートフロントの次元が増えることの問題も議論しましょう（図3.3.4）。問題の1つは、膨大な解の候補から実施解を選ぶことの問題です。多数のパレート解の条件すべてで実際に実験を行うことは現実的にはできませんので、パレート解が得られた後に実際に実施する条件を候補から選択する必要があります。しかし、パレートフロントの次元が高く、実施する条件の候補が膨大に存在する状況では、解の選択に労力や困難が生じます。場合によっては、そもそも実際に実施する条件を絞り込みたいからこそ最適化を行ったはずが、最適化の結果、逆に膨大な候補が得られてしまった、という結果にもなりえます。そのような、解の候補からどのように実際に実施する条件を選択するかについては、次節で議論します。

パレートフロントの次元が増えることの別の問題は、パレートフロントの形状が認識しにくくなることです。我々人間は、3次元までしか形状を認識することができません。したがって、パレートフロントの次元が4次元以上の場合は、いくつかの次元の値を固定して2次元もしくは3次元の断面を可視化し、パレートフロントの形状を把握することになります。しかし、ここで認識できる形状はあくまで断面であるため、パレートフロント全体の形状をとらえることはできません。これでは、パレートフロントの形状から意思決定をするという目的に対して、有効ではありません。

図3.3.4　目的関数の数が多いことの問題

以上のように、目的関数の数が増えることによるパレートフロントの次元の増加は、最適化において深刻な問題を招きます。しかし、実際の最適化では、あれもこれも考慮しようとすると目的関数の数はどうしても増えてしまいます。そこで、現実的な方法として、次のような方法により目的関数の数を少数に留めることができます。

（1）目的関数を厳選する。
（2）複数の目的関数を1つにまとめる。
（3）目的関数を制約に含める。

　最も有効で本質な方法は、目的関数を厳選することでしょう。最適化のパラメータ数での議論のときと同様に、今回の最適化に使える試行回数から、今回の最適化で許容できるパレートフロントの次元数、すなわち目的関数の数を見積もることができます。その見積もられた数以下に、目的関数を留めることができれば、最適化は効果的に実施できると考えられます。挙がっている目的関数の候補に対して、要否を再検討し、目的関数を取捨選択することは、不必要な試行を減らし、解の選択を容易にし、パレートフロントの形状を把握するために、非常に重要です。また、目的関数を減らす方法の(2)については次節の3.4節で、(3)については次々節の3.5節で、それぞれ議論します。

⊡ 本項のまとめ

　多目的最適化における目的関数の数には、次のような次元の呪いがありますので留意してください。
- 多目的の次元の呪い：目的関数の数Nに対して、パレートフロントは$N-1$次元を持つため、パレート解の数が目的関数の数のべき乗で増加する。
- パレートフロントの次元が高いと、最適化の試行回数が増加する、解の候補が膨大となり実施条件の選択が困難になる、パレートフロント形状の認識が困難になる、などの問題がある。

参考文献

[1]　大山聖 著,“ゼロから始める多目的設計最適化0 多目的設計最適化とは？”, ぷらざ出版社 (2018).

3.4 目的関数設計：解の候補がたくさんある場合にどの解を選んだらよいか？

前節において、多目的最適化ではパレート解・パレートフロントを求めることが、最適化問題を解くことに相当すると学びました。それでは、得られた多数のパレート解から実際の実験で実施する条件はどのように選べばよいでしょうか。このことは、目的関数を数式で表す「目的関数設計」や、前節で見た、目的関数の数を減らすための方法である「複数の目的関数を1つにまとめる」こと、とも関係しています。本節では、解の選択について、まず目的関数を数式で表す方法について考え、次いで、具体的な事例とともに得られた解をクラスタリングすることを見ます。

3.4.1 何を最小化したいかを数式で表す

多数のパレート解から実際の実験で実施する解を選ぶ方法の1つは、理想的な状態（原点）からの距離を基準とする方法です。図3.4.1に原点からの距離を基準とした解の選択を模式的に示します。ここで一口に距離と言ってもいくつかの表し方がありますが、代表的には次の2つの距離がよく用いられます。目的関数が2つ（AとB）の場合、それぞれ数式では次のように表されます。

$$\text{マンハッタン距離：} A + B$$
$$\text{ユークリッド距離：} \sqrt{A^2 + B^2}$$

どの距離を採用するかによって、選択される解も変わります。原点からマンハッタン距離が等距離の点の集合は、縦軸と横軸の同じ値の位置を結んだ斜め45°の直線となります。この斜め45°の直線を原点から動かしていき、直線と初めて交わるパレート解が、原点からのマンハッタン距離が最も近い解となります（図3.4.1左図の★）。一方、原点からユークリッド距離が等距離の点の集合は、原点を中心とした円となります。この円の半径を拡大していき、円と初めて交わるパレート解が、原点からのユークリッド距離が最も近い解となります（図3.4.1右図の★）。図のように、距離の定義によって異なる解が選択されることがわかり

ます。

問題はどちらの距離を使えばよいかです。それはつまるところ、何を最小化したいかですので、最適化の目的と照らし合わせて、決めるべきです。目的関数がコストと性能であるならば、今回は *コスト + 性能* を最小にしたいのか、$\sqrt{コスト^2 + 性能^2}$ を最小にしたいのか、で決める問題です（＊ここでの性能は値が小さい方が良い）。このように、目的関数の数式の決定（目的関数設計）は、データ駆動で決めるべき問題ではなく、最適化の目的に対する専門知識から決める、知識駆動の問題です。ただし、その数式にどのような意味があるかは、数学的な観点から理解を深めておく必要があります。

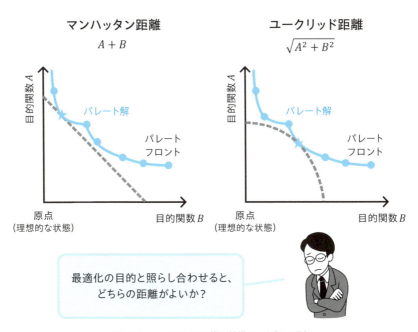

図3.4.1　原点からの距離を基準とした解の選択

目的関数設計について掘り下げる

さて、目的関数設計の話を一段深くしましょう。図3.4.1の距離の計算式は、暗に目的関数Aと目的関数Bの価値は等しいことが前提となっていました。しかし実際の最適化における実施解の選択においては、目的関数間で価値が等しいことはまれで、多くの場合は目的関数に優先度があります。この優先度は、距離の計算の式に重み係数として入れることで考慮することができます。例えば、図3.4.2

のように、目的関数Aを減らすことの方が目的関数Bに比べて2倍の価値がある場合は、距離の計算式の目的関数Aの項に2の重み係数を掛けることで、目的関数の優先度を反映させることができます。目的関数Aに2を掛けると、グラフは目的関数Aの方向に2倍引き延ばされますので、マンハッタン距離が等距離の斜め45°と交わるパレート解も☆から★に変わります。選択された解★は、元の解☆よりもAの値が小さい解ですので、Aの値を減らすことの価値が高く評価された、目的関数Aがより重視された解が選択されたことがわかります。なお、図3.4.2では、縦軸の値を2倍にするグラフの変更で考えましたが、グラフはそのまま（図3.4.1左と同じ）で、マンハッタン距離を表す直線の方を変更する（目的関数Aとの交点位置を1/2にする）と考えることでも同じです。

　ここで、重み係数の値をどのような値にするかも問題になりますが、この重みについても、距離の式の選択と同様に、知識駆動で決める必要があります。目的関数同士を比較して、相対的に何倍の価値があるかを、目的関数の意味に基づいて決めます。またこのとき、重み係数の値は、目的関数の単位に依存することにも注意が必要です。例えば、目的関数Aが費用コストだとして、円単位で表すか、千円単位で表すかでは数値が千倍異なりますので、目的関数Bとの相対関係も千倍変わり、この単位に合わせて重み係数の値も変える必要があります。

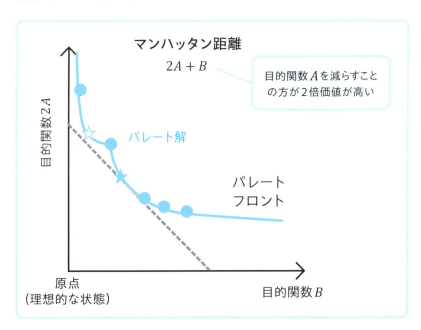

図3.4.2　目的関数に重み係数を掛けた場合の解の選択

目的関数についてさらに掘り下げる：基準の設定

目的関数設計について、さらにもう一段深い話をしましょう。目的関数の基準をどこに定めるかです。最適化の目的関数では、物理量のゼロを目的関数のゼロに取る必要はなく、設定した任意の基準をゼロとすることができます。例えば、コストを目的関数とするときに、作製プロセス条件に関係なくかかってしまう原料コストを引く（原料コストを基準とする）ことで、作製コストのみを考慮することや、性能を目的関数とするときに、理論的な限界値を基準として引くことで、理論限界をゼロとした性能で評価することができます。また、多目的最適化で得られたそれぞれの目的関数値が最も良い解（パレート解の端の解）は、トレードオフ関係の中で他の目的関数を最大限妥協した場合に得られる限界値を表す解ですので、この解の値を基準として採用することもあります。これらのような基準の変更によっても、図3.4.3 に示すように、選択される解は変わります。図3.4.2 で選択された解☆から、目的関数 A の基準位置が移動したため、解★が選択されます。そしてやはり、上での議論と同様に、何を基準にするかは知識駆動で決める必要があります。このように目的関数設計は、最適化対象に対する専門知識が要求される難しい作業ですが、現場エンジニアの腕の見せ所でもあり、また目的の数式化を通して改めて課題に向き合う良い機会であると思います。

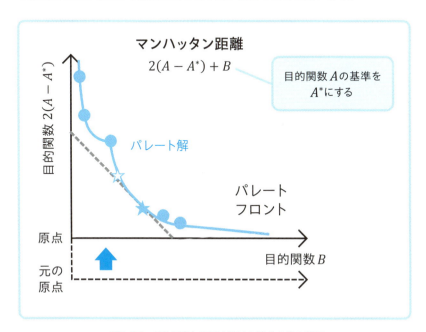

図 3.4.3　目的関数に基準を設けた場合の解の選択

目的関数設計:目的関数の集約

さてここまでは、多目的最適化によってたくさんのパレート解が得られ、それらの解の候補から実施する条件を選択するために、各目的関数の価値を数式で表すことを行いました。複数の目的関数の価値を数式によってつなぐことは、結果的に、複数の目的関数を1つの式にまとめることに相当します。図3.4.3中の式の意味を図3.4.4に示します。元々別々の2つの目的関数であったAとBですが、A^*を基準として変換し、さらにAの方がBの2倍の価値があるとして、1つの式$f(x)$にまとめることができました。この式を目的関数に用いて最適化を行うこともできます。前節で目的関数の数を減らすことの効果を議論しましたが、複数ある目的関数の価値を考慮してまとめることで、目的関数の数を減らすことができます。

2つの目的関数
$$f_1(x) = A(x)$$
$$f_2(x) = B(x)$$

それぞれの目的関数の意味・価値を考えて、1つの式にまとめる

1つの目的関数
$$f(x) = 2(A(x) - A^*) + B(x)$$

図3.4.4 複数の目的関数を1つにまとめる。図3.4.3中の式の意味。

目的が複数ある場合のアプローチ

以上から、目的が複数ある場合のアプローチは2つあることがわかります(図3.4.5)。1つは、多目的最適化によってパレート解を取得し、得られたパレート

解から実施する条件を選択することです。このアプローチでは、パレート解取得のための最適化に多くの試行回数を要しますが、前節で見たパレート解が得られること自体の恩恵に加えて、パレート解からの実施解の選択を何度でもやり直せるメリットがあります。本項で見たように、用いる式を調整しながら解の選択を繰り返し、より目的に合致した適切な解を取得することができます。また次節で議論しますが、実施解の選択には目的関数の考慮以外に、制約に対する考慮も必要な場合があり、制約条件をふまえた最適化を行い、実施解の選択をやり直す必要があることもあります。すでに取得済みのパレート解に対して解の選択を行うことは、新たな試行が必要なく低コストで行うことができますので、あらかじめパレート解を得ておくことが有効に働く場合もあります。

　もう1つのアプローチは、目的関数の価値に基づいて、あらかじめ目的関数を集約しておき、単目的最適化（もしくは少数目的の多目的最適化）によって解を取得するアプローチです。この方法のメリットは、目的関数が絞り込まれていますので、少ない試行回数でも最適化の解が得られることです。パレート解が求められるに越したことはありませんが、最適化に使える現実的な試行回数を考えると、あらかじめ目的関数の数を絞っておかなければならないケースはよくあります。それぞれのメリットを考慮して、アプローチを定めることが大切です。

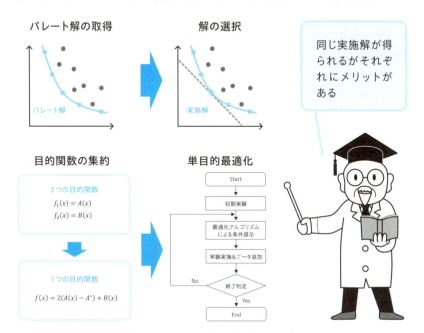

図3.4.5　目的が複数ある場合の2つのアプローチ

本項のまとめ

目的が複数ある場合のアプローチには次の2つがあります。いずれの場合も、最適化対象に対する専門知識に基づく目的関数設計が必要です。
- 先に多目的最適化でパレート解を求め、目的関数間の価値に基づいて、実施解を選択する。パレート解が得られるメリットがある。
- 目的関数間の価値に基づいて、目的関数をまとめ、単目的もしくは少数目的の最適化を行い、実施解を得る。最適化の試行回数が少なくて済む。

3.4.2 パレート解をクラスタリング

多目的最適化によって得られた多数のパレート解から実際に実験を行う条件を選択する別の方法は、パレート解をクラスタリングし、各クラスターから代表的なパレート解をピックアップし、その特徴を見て、用いる条件を決めることです。本項では、著者らが取り組んだ炭化ケイ素（SiC）結晶成長装置の装置構造の最適化の事例[1]を通して、教師データ作成および機械学習モデル構築から始め、多目的最適化によるパレート解の取得、パレート解のクラスタリング、代表解の特徴の解析を見ていきましょう。

SiCはケイ素（シリコン、Si）と炭素（C）からなる化合物半導体ですが、現在広く用いられているSiと比較してバンドギャップエネルギーが大きく、絶縁破壊電界が大きく、熱伝導率が高いため、電力変換を行うパワーデバイス用の基板半導体材料として期待されています。SiCパワーデバイスは徐々に普及し始めていますが、本格普及には、高品質化と低コスト化が大きな課題となっています。著者らは、溶液法によるSiC結晶の育成に取り組んでいます。溶液法では、カーボン製の坩堝内にSiを主成分とする合金溶媒を入れ、1800℃から2000℃の高温に保持し、溶液表面から単結晶SiCの種結晶を浸漬させます。このとき、カーボン製坩堝はC原料を兼ね、坩堝の炭素が溶媒中に溶解し、種結晶まで輸送されて、過飽和となった炭素が溶媒中のSiとともにSiCとして結晶化します。この炭素の溶解、輸送の過程には、溶媒の温度と流れが直接影響し、結晶の作製コストに直結するSiC結晶成長速度や、歩留まりに影響する坩堝底での多結晶の成長速度を大きく左右します。そこで、坩堝内溶液の温度と流れを制御するために、プロセス条件および結晶成長炉内構造の最適化が必要となります。実際のSiC結晶成長には多大なコスト（費用、材料、人手、時間）がかかり、特に、装置内構造の最適化のために形状の異なる部材をその都度作製することは現実的ではありません

ので、本研究ではシミュレーションを用いた最適化を実施しました。さらに、シミュレーション結果を教師とした機械学習モデルを作成して用いることで、高速な最適化を実現しました。すなわち今回実施した最適化は、3.2節で見た分類では、実際の試行→シミュレーション→機械学習モデルと2段階の置き換えを行った上での組合せ試行による最適化となります。

SiC結晶成長シミュレーションのモデルと最適化のパラメータ

図3.4.6に、今回の最適化に用いたSiC結晶成長シミュレーションのモデルと最適化のパラメータを示します。実際の装置の内部構造をコンピュータ内に再現し、装置内の現象を支配する物理方程式を数値的に解くことで、SiC結晶成長をシミュレート（模倣）します。なお実際のシミュレーションでは、図で表されている外側もモデル化されており、装置チャンバ内部のすべての現象を計算しています。最適化のパラメータとして、装置構造に関わる、坩堝側壁厚さ、坩堝底面厚さ、坩堝高さ、溶液幅、溶液高さ、および、プロセス条件に関わるコイル位置、坩堝位置を設定しました。それぞれのパラメータごとに設定した上限-下限範囲

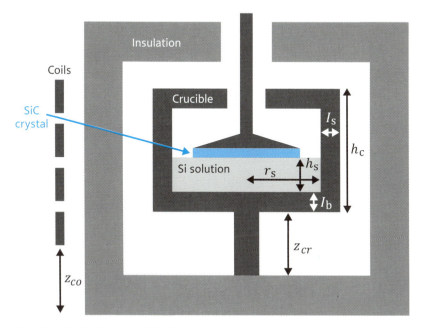

図3.4.6 最適化に用いたSiC結晶成長シミュレーションのモデルと最適化のパラメータ。文献[1]中の図を元に作成。

内でのランダムな値の組合わせを用いて、500回のシミュレーションを行い、教師用：300、検証用：100、テスト用：100にデータを分割しました。機械学習のアーキテクチャには、フィードフォワード型の全結合ニューラルネットワーク（隠れユニット128 × 隠れ層2）を用いました。機械学習の入力パラメータは、上述の7個のパラメータに溶液内の座標（X,Y）を加えた計9個とし、出力パラメータは、坩堝内の座標（X,Y）における半径方向および高さ方向の流速、温度、炭素濃度の合計4個としました。学習の結果得られた機械学習モデルの予測誤差は、標準正規化後のテストデータに対して、平均二乗誤差が8×10^{-4}と十分小さく、装置内構造およびプロセス条件の最適化に対して十分な予測精度を持つモデルが得られました。

最適化の目的関数

次に、最適化の目的関数について説明します。この事例では、これまでのSiC結晶成長における知見に基づいて、**図3.4.7**に示す3つの目的関数を設定しました。目的関数の添え字のi, j, kはそれぞれ結晶表面, 坩堝側面, 坩堝底面であることを表し、Nは座標数、rは半径位置、hは高さ位置、xは装置構造およびプロセス条件パラメータ、v_{SiC}、$v_{erosion}$、v_{poly}は炭素濃度および温度から求めたSiC結晶成長速度、坩堝溶解速度、坩堝底に析出する多結晶SiCの成長速度です。また上付きのバーは、平均値を表します。これらの目的関数の式は、それぞれの面内でのvの分散の平均の平方根を表し、すなわちvの面内不均一性に対応します。SiCの結晶成長は長時間に及ぶため、結晶表面内の成長速度の差はSiC結晶の厚さのばらつきとなり、歩留まりを低下させる大きな問題となります。また坩堝側面の溶解速度の不均一は、坩堝の局所的な溶解を招き、坩堝肉厚の局所的な減少、さらには坩堝の破損につながるため避ける必要があります。また、坩堝底面では炭素濃度の過飽和領域が形成され多結晶のSiCが成長する場合がありますが、この多結晶の成長速度が不均一である場合、成長速度が速い部分が大きく盛り上がり、上部のSiC結晶と衝突する問題があり、これも避ける必要があります。これらの問題を考慮して、SiC結晶表面、坩堝側面、坩堝底面でのv_{SiC}、$v_{erosion}$、v_{poly}が均一となるように目的関数を設定しました。なお、この目的関数の計算には、機械学習モデルの出力のうち、温度と炭素濃度の値しか用いておらず、流速の予測結果は用いていません。では流速の予測モデルを作成することは無駄であったかというとそのようなことはなく、後で示すように最適化の結果得られる条件での温度・流れ分布の状態を確認するために利用しています。

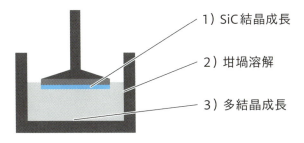

目的	数式
1）SiC結晶成長速度の均一化	$f_1(\boldsymbol{x}) = \left(\sum_1^{N_i} (v_{SiC}(r_i, \boldsymbol{x}) - \overline{v_{SiC}(\boldsymbol{x})})^2 / N_i \right)^{1/2}$
2）坩堝溶解速度の均一化	$f_2(\boldsymbol{x}) = \left(\sum_1^{N_j} (v_{erosion}(h_j, \boldsymbol{x}) - \overline{v_{erosion}(\boldsymbol{x})})^2 / N_j \right)^{1/2}$
3）坩堝底での多結晶成長の均一化	$f_3(\boldsymbol{x}) = \left(\sum_1^{N_k} (v_{poly}(r_k, \boldsymbol{x}) - \overline{v_{poly}(\boldsymbol{x})})^2 / N_k \right)^{1/2}$

図3.4.7　最適化に用いた3つの目的関数

遺伝的アルゴリズムを用いた多目的最適化と解のクラスタリング

　以上3つの目的関数が最小となるように、遺伝的アルゴリズム（NSGA-Ⅱ）を用いて多目的最適化を行いました。個体数は5000、世代数は1000としました。シミュレーションに対して直接遺伝的アルゴリズムを用いる場合は、このように多数の個体数・世代数を用いた最適化は計算コストの点から不可能です。機械学習モデルによる高速予測を用いることで、このような膨大な個体数での試行も可能となり、また十分な世代数によって最適化アルゴリズムとして十分に収束した解を得ることができます。

　図3.4.8に、目的関数f_1、f_2、f_3に対する多目的最適化結果の5000個体の分布を示します。目的関数f_1、f_2、f_3を各軸とする3次元の目的関数空間では、すべての目的関数の値が0、すなわち原点が最も望ましい状態です。最適化された個体の分布から、それぞれの目的関数間にはトレードオフの関係があり、原点に対して凸のパレート解の分布・パレート面が確認できます。さらにこれらの最適化個体をk-means法を用いて6つにクラスタリングし、各クラスターの中で原点からのマンハッタン距離が最も小さい個体を代表解として抽出しました。

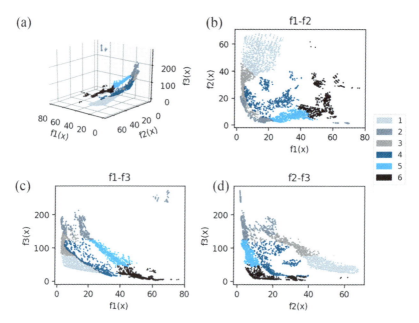

図 3.4.8 得られた最適解の目的関数空間での分布。(a) 3次元の目的関数空間と、(b)-(d) 2次元の目的関数空間に投影した結果。文献[1]から引用。

得られた代表解の解析

　得られた代表解の装置構造とプロセス条件を機械学習モデルに入力し、坩堝内の温度・流れ分布を描画することで、各クラスターの特徴を解析しました。ここでは、6つのクラスターのうち、特徴的な2つの代表解（クラスター2と6）の流れ・温度の分布を図 3.4.9に示します。

　クラスター2は、目的関数空間で目的関数f_1が最も小さい領域に分布する、目的関数f_1を優先したグループです。目的関数f_1はSiC結晶表面での成長速度の均一化に対応する目的関数でした。クラスター2の代表解での条件における温度・流れの分布を分析すると、確かに、SiC結晶直下での温度が均一であることがわかります。しかし、他の2つの目的関数、すなわち坩堝側面と坩堝底面の均一性は犠牲にされており、温度分布の結果からも底面の温度が不均一であることがわかります。

　一方、クラスター6は、目的関数f_3を優先したグループで、目的関数f_3は坩堝底での多結晶の成長速度の均一化を図る目的関数でした。実際にクラスター6の代表解での条件における温度・流れの分布からも、坩堝底面で中心から端までの

均一な温度が確認できます。しかし、側面の温度は、底部の方が、温度が低く不均一であることがわかります。

　以上のように、機械学習による高速予測と最適化アルゴリズムによる多目的最適化による条件探索を組み合わせることで、有望な条件を得ることができました。さらに、得られたパレート解をクラスタリングし、各クラスターの代表解を抽出し、代表解での条件における結果を分析することで、目的関数の優先度に応じた所望の条件を得ることができます。

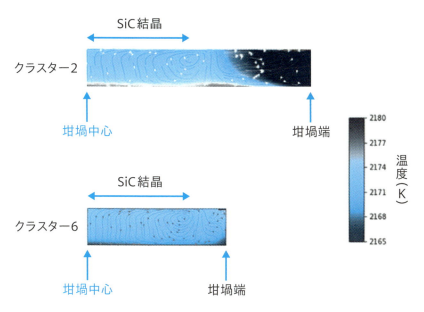

図3.4.9　クラスター2および6の代表解における坩堝内の温度・流れの分布。文献[1]中の図を元に作成。

本項のまとめ

　パレート解をクラスタリングし、各クラスターの代表解を抽出し、代表解に対応する結果を分析することは、多数のパレート解から実際に用いる解を選択する際の役に立ちます。

---

[1] W. Yu, C. Zhu, Y. Tsunooka, W. Huang, Y. Dang, K. Kutsukake, S. Harada, M. Tagawa, and T. Ujihara, "Geometrical design of a crystal growth system guided by a machine learning algorithm", CrystEngComm 23, 2695 (2021).

3.5 ベイズ最適化：可能な試行回数が少ないときはどうすればよいか？

実際の最適化では実験コストが非常に高く、最適化のループを何度も回すことができない場合があります。そのような状況で、機械学習モデルによる予測を用いて、少しでも良い条件を探索する方法の1つがベイズ最適化です。ベイズ最適化は、多様な最適化対象に用いられていますが、アルゴリズムの中身は最適化の2重構造となっていて複雑です。本節では、まず逐次最適化について説明し、次いでベイズ最適化の中身を見ながら理解を深めます。最後に、ベイズ最適化を用いたプロセス条件最適化の事例を紹介します。

3.5.1 1回だけの最適化と逐次最適化の違いとは？

これまでに、3.2節において機械学習試行を用いた最適化の特徴を学び、3.4節において実際の事例（SiC結晶成長の装置構造とプロセス条件の最適化）を見ました。実際の試行を代替した機械学習試行を用いることで、最適化のループを高速に回すことが可能となり、膨大な試行に基づき最適解を素早く取得することが可能となりました。このとき、最適化は1回だけ行い、最適解を得たところで最適化のフローチャートは終了でした。このことを図3.5.1に模式的に示します。先に取得したデータに対して、機械学習による回帰モデル（図では破線）を作成し、この機械学習モデルに対して最適化アルゴリズムを作用させることで、最適解（図では破線の最小位置）を求めます。この最適化に用いる機械学習モデルを作成するためには、第2章で学んだように、なるべくパラメータ空間で均一にデータが存在していることが望ましく、3.2節で学んだ実験計画法などを用いて、パラメータ空間を効率的に満遍なくカバーする条件の組合わせを決めることが重要でした。このように作成した条件の元での機械学習モデルは、パラメータ空間のどのような場所でも予測精度が高く、どのような最適化にも対応することができます。

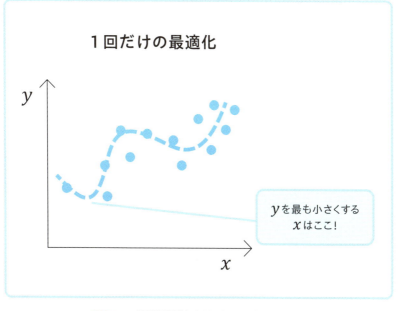

図3.5.1 機械学習試行を用いた1回だけの最適化。

最適化に効果的なデータとは?

　一方、最適化で得られた最適解からの視点では、パラメータ空間を満遍なくカバーするデータは必ずしも効率的ではありません。図3.5.2は、図3.5.1の結果を最適解の視点から見た図です。最適解はxの値が小さい領域に存在していますが、最適解から大きく離れたxの大きな領域でも多くのデータが取られています。特に、破線の円で囲んだ範囲のデータはyの値も大きく、最適解を得ることにはあまり寄与していないと考えられます。もう少し正確に言うと、破線の円で囲んだ領域のデータを増やして、この領域の機械学習モデルの予測精度を向上させたとしても、そもそもyの値が大きなこの領域の中に最適解はないと予想できるため、最適解を得ることに対する効果は少ないと考えられます。そこで、この最適解を得ることに対する寄与が小さい領域で実験を行う代わりに、有望だと考えられる領域でより多くの実験を行うことで、より効率的に最適解を取得できると考えられます。つまり、「より重要な領域に実験リソースを集中する」という方針です。

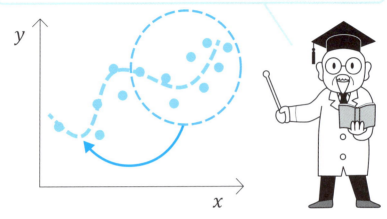

図3.5.2　最適化に対して効果的なデータ取得とは

実験リソースを集中させる方法：逐次最適化

　ここで問題は、ではどのようにすれば、より重要な領域に実験リソースを集中できるか、です。そのための方法の1つが逐次最適化です。図3.5.3を用いて逐次最適化を説明します。初期値としてまず少数の実験データを取得し、そこから最適化を開始します。少数のデータを用いて機械学習モデルを作成し、この機械学習モデルによる試行に対して最適化アルゴリズムを適用し、有望な実験条件を求めます。次に、この最適化によって得られた有望な条件で、実験を行い、測定結果を教師データに追加します。再び、機械学習モデルを作成しますが、新たに取得したデータが教師データに追加されているため、回帰結果は変わります。新しく作成した機械学習モデルによる試行に対して、再び、最適化アルゴリズムを適用し、有望な実験条件を求めます。このように、回帰と最適化、実験と測定（データ追加）を交互に繰り返すことで、最終的には良い条件を見つけることができます。

　この機械学習試行を用いた逐次最適化は、大きく見ると実際の実験を行う最適化ループと見ることができ、小さく見ると次の実際の実験条件を提案するために内部で機械学習試行の最適化を行っていることとなります。つまり、最適化の2

重構造になっています。このとき実際の実験は、その時点で考えられる有望な条件でのみ行われるため、結果として有望領域に実験リソースを集中させることができ、最適化全体での実験回数の削減につながります。機械学習試行を用いた逐次最適化には、いくつかの方法がありますが、その中でベイズ最適化は、確率モデルを用いることで効率的に探索を進める方法です。ベイズ最適化の詳細は次項にて説明します。

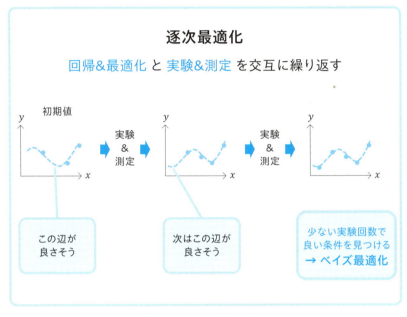

図3.5.3　逐次最適化の説明

1回だけの最適化と逐次最適化の特徴

　ベイズ最適化の詳細に行く前に、機械学習試行を用いた1回だけの最適化と逐次最適化の特徴をまとめましょう（図3.5.4）。機械学習試行を用いた1回だけの最適化では、教師データをあらかじめ取得しておきます。このとき教師データの条件は、なるべくパラメータ空間で満遍なく分布するように取るため、結果的に合計のデータ数、すなわち、実際の実験数は増えてしまいます。1回だけの最適化の大きなメリットは、機械学習モデルの再利用ができることです。前節で見たように目的関数を調整して最適化を繰り返すことや、最適化以外にも第2章で見たように、得られた機械学習モデルに対して解析を行い、入力パラメータの影響

を評価するなど、様々な用途で機械学習モデルを用いることができます。

一方、機械学習試行を用いた逐次最適化では、教師データを逐次的に取得するため、教師データの条件はパラメータ空間では有望領域に集中します。その結果、合計のデータ数、すなわち、実際の実験数を少なく抑えることができます。逐次最適化の欠点は、得られた機械学習モデルが汎用的ではないことです。有望領域に対する予測は、十分なデータ数があるため精度が高くなりますが、十分なデータがない領域に対する予測精度は低くなってしまいます。そのため、逐次最適化を通して得られた教師データを用いて作成した機械学習モデルを汎用的な用途で使うことはできません。

		1回だけの最適化	逐次最適化
教師データ	取得のタイミング	あらかじめ取得	逐次取得
	パラメータ空間での分布	満遍なく	有望領域に集中
	データ数	比較的多い	比較的少ない
機械学習モデルの再利用		可能	要注意

図3.5.4　機械学習試行を用いた1回だけの最適化と逐次最適化の特徴

本項のまとめ

機械学習試行を用いた逐次最適化では、回帰と最適化、実験と測定（データ追加）を交互に繰り返します。その結果、有望な領域に実験リソースを集中させ、少ない実験回数で良い条件が得られます。ただし、逐次最適化で得られた機械学習モデルを別の目的に使用する場合は注意が必要です。

3.5.2 ベイズ最適化の中では何を行っているのか？

ベイズ最適化は、機械学習試行を用いた逐次最適化手法ですが、様々な問題に柔軟に対応できるため、機械学習におけるハイパーパラメータの最適化から製造業における設計最適化やプロセス条件最適化まで、様々な最適化に広く用いられています。今日では便利なライブラリやアプリケーションソフトによって、ベイズ最適化の中身がブラックボックスでも最適化を進めることができます。しかし、中身を知らないよりは知っていた方がよいですし、ベイズ最適化の考え方は、最適化ということの本質を理解するためにも役に立ちます。なお、ベイズ最適化の中身をさらに勉強したい読者は、専門の教科書[1, 2]や論文[3]を参照してください。

ベイズ最適化の中身：問題設定

図3.5.5に示す1次元の関数を具体例に、ベイズ最適化の中身を見ていきましょう。実線で表される真の関数が最小となる位置を見つけることがこの最適化の目的です。私たちは、真の関数の形はわからず、実験を行い、得られた結果（プロット点）のみ知ることができます。まず、初期データとしてランダムなxの値で5回実験を行い、5つのデータを得ました。

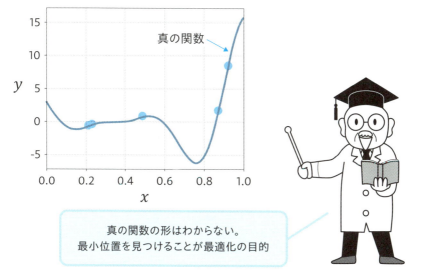

図3.5.5　真の関数と初期データ

ベイズ最適化の中身：ガウス過程回帰

次に、初期5点のデータに対して、ガウス過程回帰を用いて回帰を行います。結果を図3.5.6に示します。ガウス過程回帰は、特定の数式を定めないノンパラメトリック回帰の1つですが、予測値（破線）だけでなく、予測の不確実性（帯）を出力することができます。予測の不確実性は、その条件で実験を行った際にどの程度結果が上下する可能性があるかを確率で表したものです。実験データ点の近くでは、予測の不確実性の帯の幅が狭くなっています。これは、条件が近ければ結果も近いという仮定に基づいて、実験データ点の近くでは、同じような y の値が得られるだろうということを反映したものです。

ベイズ最適化では、このガウス過程回帰の出力（予測値と予測の不確実性）を用いて、活用と探索の両方を考慮します。活用は予測値が良い条件を取得することを優先し、探索はまだ測定していない条件を取得することを優先します。効率の良い最適化のためには、どちらか一方だけではだめで、両者をバランスよく考慮することが必要です。なお、ベイズ最適化における回帰手法は、予測の不確実性の情報を取得可能であればどのような手法を用いることも可能ですが、実用的には予測精度、計算速度、実装のしやすさなどの点から、ほとんどの場合でガウス過程回帰が用いられています。

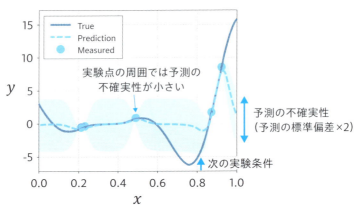

図3.5.6　初期データに対するガウス過程回帰の結果

ベイズ最適化の中身：獲得関数

　定量的にどのように活用と探索のバランスをとるかは、獲得関数によって設計されます。代表的な獲得関数としては、これまでに得られたデータの中で最も良いyの値からさらに改善する確率（PI：Probability of Improvement）や、期待改善度（EI：Expected Improvement）、信頼区間の上端・下端（UCB：Upper Confidence Bound, LCB：Lower Confidence Bound）などがあります。ここではLCBを用いて説明します。図3.5.6において、LCBは帯の下端に相当し、下端が最も小さな値を取る青矢印で示した位置が次の実験条件となります。この図では、網羅計算によってLCBの値がすべて求められていますので、青矢印の位置を決めることは容易でしたが、実際の探索空間は高次元になりますので、最適化で最小位置を見つける必要があります。この過程は、ガウス過程回帰で得られる予測モデルの出力を用いた獲得関数を目的関数とした最適化となりますので、機械学習試行を用いた最適化となります。最適化手法としては、実験条件の候補が有限個の場合には、獲得関数の値を網羅的に計算することで容易に次の条件を決定することができます。実験条件が連続値である場合には、勾配法などの最適化手法によって数値的に決定する必要があります。獲得関数は、非線形となりますが関数形は既知であるため、勾配法などを用いれば高速に局所解を得ることができます。またより良い局所解を得るために、多点探索などのヒューリスティクスな手法を組み合わせて用いることも多いです。

ベイズ最適化の中身：最適化の進行

　続けて、ベイズ最適化による実験条件提案（回帰と獲得関数の最適化）と、実験・計測とを繰り返した結果を図3.5.7に示します。帯の下端に相当する獲得関数LCBに従って、次の実験条件が提案され、その条件で実験を行い、データ点が追加されていきます。初期点5点＋2回目では、真の関数においてyが最小となる条件が提案され（左上図）、実際に最小となるyが取得されました（右上図）。ただし、ここでベイズ最適化は終了せず、xが最小の条件が提案されました（右上図）。これは「探索」による効果で、まだ実験をしていない条件で、これまでに取得したyを下回る可能性があるためです。実際に、xが最小位置での帯の下端（LCB）は、すでに取得したデータのyの最小値を下回っています。この図のケースでは、xが最小の条件のyは値が大きく、良い結果ではありませんでしたが、このように確率に基づいて良い結果が得られる可能性のある条件を求めることで、効率的にパラメータ空間を探索することができます。今回の最適化では、初期5

点＋4回目（右下図）以降は、すでに取得したyが最小となる条件が提案され続け、最適化が終了となりました。実際に、帯の下端（LCB）は、yが最小の条件となっています。このケースでは、提案条件が収束したことで、最適化を終了しましたが、目標値の達成や試行回数の上限など、別の終了条件を用いることもできます。最適化をいつ終了させるかについての詳細は、3.7節にて議論します。

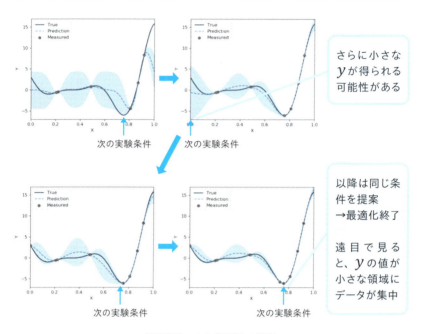

図3.5.7　ベイズ最適化の進行

ベイズ最適化の中身：取得された条件の分布

それでは、ベイズ最適化によって最終的に得られた実験条件（図3.5.7の右下図）を遠目に見てみましょう。実際に取得したデータは、yの値が小さな領域に集中していることがわかります。すなわちベイズ最適化を通して、実験リソースを重要領域に集中できたことがわかります。一方、左側の領域には、まだ帯の幅が広く、予測の不確実性が残っている領域があります。この領域はyの値が高く、データを取得する必要がないため、データが取得されませんでした。つまり、機械学習モデルとしては、左側の領域ではデータ数が少なく、予測精度が低い状態のままです。このようなことからも、ベイズ最適化において得られた機械学習モデルを、汎用的な用途で用いることは不適切であることがわかります。

本項のまとめ

ベイズ最適化では、最適化によって求めた獲得関数が最小（獲得関数によっては最大のこともある）の条件を次の実験条件とする逐次最適化によって、実験リソースを効果的に有望領域に集中させることができます。獲得関数の設計を通して、活用と探索のバランスをとることができます。

活用：予測値が良い条件を取得することを優先

探索：まだ測定していない条件を取得することを優先

3.5.3　ベイズ最適化の事例

ベイズ最適化の具体例として、著者らが行った事例「結晶Si太陽電池パッシベーション膜の水素プラズマ処理条件の最適化」[4,5]を紹介します。結晶Si太陽電池は、今日普及している太陽電池モジュールに用いられているソーラーパネルの主要な太陽電池です。結晶Si太陽電池の断面模式図を図3.5.8に示します。結晶Si太陽電池では、太陽光によって励起された自由キャリアがpn接合を通過して、表裏面の電極から取り出されることで電気エネルギーとなります。このとき、表面や裏面で、キャリアの再結合が起こると、太陽電池のエネルギー変換効率が低下してしまいます。そこで、キャリアの再結合を抑制するため、表面・裏面にパッシベーション膜を堆積させます。このとき、水素プラズマ処理を施すことで、パッシベーション膜の性能をさらに上げることができます。この性能向上は水素プラズマ処理の条件に依存しているため、ベイズ最適化を用いて水素プラズマ処理条件の最適化を行いました。

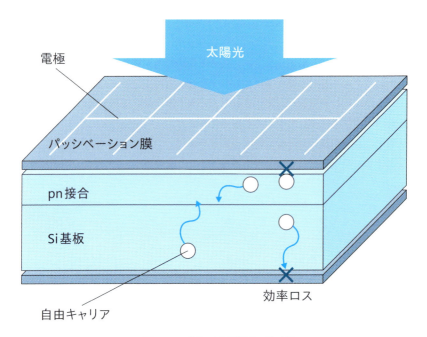

図3.5.8　結晶Si太陽電池の模式図

ベイズ最適化のフローチャート

図3.5.9左に、今回行ったベイズ最適化のフローチャートを示します。水素プラズマ処理の条件として、プロセス温度、プロセス時間、H_2圧力、H_2流量、RF出力、電極距離の6パラメータを最適化しました。またパッシベーション膜の性能指標として、QSSPC法を用いて計測した実効キャリアライフタイムτ_{eff}を用いました。プロセス条件6パラメータを入力、実効キャリアライフタイムτ_{eff}を出力とするガウス過程回帰を行い、得られた回帰モデルを用いて獲得関数（UCB）の最適化を行い、UCBが最も高くなる条件を次の実験条件として、逐次最適化を行いました。

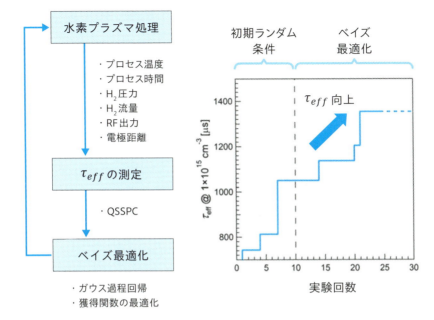

図3.5.9 左：ベイズ最適化のフローチャート。
右：実験回数に対するτ_{eff}の推移。文献[4]中の図を元に作成。

ベイズ最適化の結果の解析

図3.5.9右は、実験回数に対してそれまでに得られた実験結果の中で最も高いτ_{eff}をプロットしたものです。初期データとして、ランダムな水素プラズマ処理条件で10回の実験を行い、11回目の実験からベイズ最適化によって実験条件を決めました。実験回数の増加とともに、順調に高いτ_{eff}が得られており、ベイズ最適化によってより良い水素プラズマ処理条件が得られたことがわかります。

図3.5.10は、ベイズ最適化の進行に伴うガウス過程回帰によるτ_{eff}の予測の変化と実験を行った条件の分布を表した図です。最終的に得られた結果に対する解析から、τ_{eff}に対しては、水素プラズマ処理条件6パラメータのうち、温度と圧力の影響が大きかったため、6次元のパラメータ空間でのτ_{eff}の予測を、最適解を通る温度と圧力の2次元平面で切った分布を示します。実験条件のプロット点は、6次元の実験条件を温度と圧力の2次元平面に投影したもので、他の4パラメータの値はプロット点ごとに異なります。

ベイズ最適化の各段階でのτ_{eff}の予測分布を見ながら、ベイズ最適化が進行する様子を確認しましょう。まず初期10データを用いた回帰結果では、τ_{eff}の予測

は広範囲に広がっています。温度が高い領域でややτ_{eff}が高い傾向がありますが、圧力に対しては、τ_{eff}の予測はほぼ平坦で、τ_{eff}が高い圧力条件は特にないという予測です。つまり、実験データ数が10の段階では、まだどのような実験条件の組合せが有望であるかが絞り込めていない状況です。一方、ベイズ最適化を進めた実験データ数が20回の段階では、局所的に高いτ_{eff}の予測曲面が得られており、また、実験データ点の多くがこのτ_{eff}の値が局所的に高い領域に打たれていることがわかります。つまり、ベイズ最適化の進行に伴い、有望な領域が特定され、その領域に実験リソースを集中させることができました。さらに、ベイズ最適化を進めた実験回数が25回の段階では、有望領域の形状がよりシャープに特定され、τ_{eff}を最も高める水素プラズマ処理条件が定まりました。この事例での実施された実験条件のプロットからもよくわかるように、ベイズ最適化による逐次最適化では、実験リソースを有望領域に集中させることで、少ない実験回数で効率よく最適解を得ることができます。

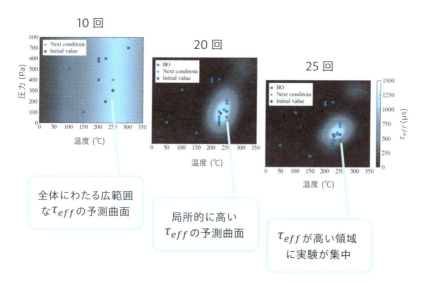

図3.5.10 ベイズ最適化の進行に伴うガウス過程回帰によるτ_{eff}の予測の変化と実験を行った条件の分布。文献[4]中の図を元に作成

本項のまとめ

　ベイズ最適化では、確率モデルに基づいて探索と活用のバランスを取りながら逐次的に実験条件の提示と実験・評価を繰り返すことで、実験リソースを有望領域に集中させ、少ない実験回数で効率よく最適解を得ることができます。

[1]　持橋大地, 大羽成征 著, "ガウス過程と機械学習", 講談社 (2019).

[2]　今村秀明, 松井孝太 著, "ベイズ最適化 −適応的実験計画の基礎と実践 −", 近代科学社 (2023).

[3]　B. Shahriari,K. Swersky,Z. Wang, R. P. Adams, N. D. Freitas, "Taking the Human Out of the Loop: A Review of Bayesian Optimization", Proc. IEEE. 104, 148 (2016).

[4]　S. Miyagawa, K. Gotoh, K. Kutsukake, Y. Kurokawa, N. Usami, "Application of Bayesian optimization for improved passivation performance in TiOx/SiOy/c-Si heterostructure by hydrogen plasma treatment", Appl. Phys. Express. 14, 025503 (2021).

[5]　S. Miyagawa, K. Gotoh, K. Kutsukake, Y. Kurokawa, N. Usami, "Application of Bayesian optimization for high-performance TiOx/SiOy/c-Si passivating contact", Sol. Energy Mater Sol. Cells. 230, 11251 (2021).

3.6 制約付き最適化：最適化して得られた条件では実際の実験ができない場合はどうすればよいか？

実際の応用では、最適化で得られた条件では実際の実験ができない場合があります。このような場合は、制約によって実際の実験が可能な範囲内で条件を探す必要があります。また 3.3 節で見たように、目的が多くある場合に、目的の意味を考えて、一部を制約に回すことで、目的関数の数を減らすことができます。本節では、まず、制約付き最適化の概要を説明し、次いで、著者らが取り組んだ具体例を見ながら、実際の応用での制約の設定について見ていきましょう。

3.6.1 制約付き最適化とは？

最適化において、一口に制約と言っても様々な形の制約がありますが、ここでは基本的な制約として、入力パラメータ x に制約がある場合と、目的関数とは異なる制約関数の出力 y' に制約がある場合の 2 つについて考えましょう。

入力パラメータ x に制約がある場合

まず、入力パラメータ x に制約がある場合です（図 3.6.1）。今、対象の目的関数の出力 y を最小とする入力パラメータ x の最適解を求める最適化を考えます。制約がない場合は、グラフ上の●の点が、y が最小となる最適解になります。一方、入力パラメータ x に制約があり、x の範囲が制限される場合があります。例えば、x を製造装置における基板位置とすると、シミュレーション上では基板を大きく動かせるが、実際の実験装置では部材の干渉などのために動かせる基板位置の範囲が制限されてしまうことはよくあります。このような場合に、元々の最小の y を与える x が、x 制約範囲（図中の帯の範囲）に入っていれば最適な条件は変わりませんが、制約範囲外にある場合は、取りうる最小の y を与える x は、元の最適解 x とは異なります。図 3.6.1 では、★の条件が最適解となります。

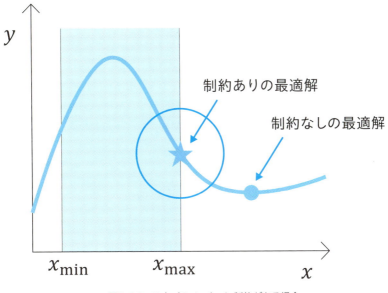

図3.6.1 入力パラメータ x に制約がある場合

制約関数の出力 y' に制約がある場合

次に、目的とする出力 y とは異なる制約関数の出力 y' に基づいて制約が課される場合を考えましょう。例えば、製品性能 y を最大にする最適化において、作製コスト y' は基準となる閾値 y'^* 以下を満たす必要がある場合です。図3.6.2に、目的関数 y と制約関数 y' の関係を模式的に示します。この場合、y' が閾値 y'^* 以下となる x の範囲は帯で表される範囲となり、この範囲の中で y を最小とする条件を探索することになります。その結果、y' の制約を満たし、y を最小とする x は★の位置の条件となります。ここでグラフが2つあることからも明らかなように、y' の制約を考慮して最適化を行うためには y とは別に y' の関数が必要です。y' が数式などであらかじめ与えられていればその関数を用いることができますが、y' の関数が不明な場合は、y' を予測する機械学習モデルを作る必要があり、より問題は複雑になります。実際の最適化では、例えばものづくりの場合は、装置仕様の制限、作製にかかるコストや時間、さらには装置のマシンタイムや作業員の作業時間の制限など、考慮すべき制約が多くあり、その範囲内で最適な条件を探す難しさがあります。

ここで、制約関数は解を探索する x の範囲を与えており、目的関数ではないこ

とに注目してください。3.3節の多目的最適化では、性能とコストの両方を目的として多目的最適化を行いましたが、ここではコストy'を制約として、基準となる閾値y'^*以下を満たす条件を求めました。3.3節のように、コストを目的関数に含めてパレート解を求め、パレート解からコスト閾値y'^*以下を満たす解のみを選択することもできます。しかし、パレート解を求める分、最適化には多くの試行が必要となります。ここで見たように、考慮すべき事柄を目的関数ではなく制約関数に用いることで、目的関数の数を減らし、パレートフロントの次元を下げることで、最適化に必要な試行回数を大幅に減らすことができます。

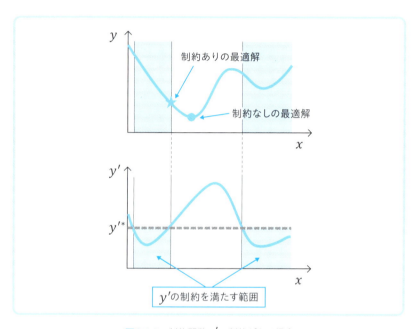

図3.6.2　制約関数y'の制約がある場合

本項のまとめ

制約付き最適化について、次のことに留意してください。
- 制約は解を探索する範囲を制限する。xの範囲を直接制約することと、yとは異なる制約関数y'に基づいてxの範囲を制約することが基本。
- 目的として考慮していた項目を制約として扱うことで、目的関数の次元を下げることができる。

3.6.2 制約付きベイズ最適化の事例

制約付きベイズ最適化の具体例として、著者らが行った事例「Siヘテロ接合太陽電池用のアモルファスSi製膜条件最適化」[1,2]を紹介します。Siヘテロ接合太陽電池は、主要な太陽電池モジュール用太陽電池である結晶Si系太陽電池の中でも、エネルギー変換効率（発電効率）が高い太陽電池として活発に研究開発が行われています。Siヘテロ接合太陽電池の断面模式図を図3.6.3に示します。太陽光により生成された過剰な自由キャリアを、電極を通して外部に取り出して発電するためには、pn接合などの整流特性を示す接合が必要です。Siヘテロ接合太陽電池では、この整流特性を示す接合として、表面と裏面の水素を含むアモルファスSi（a-Si:H）層とSi基板とのヘテロ接合が用いられます。このとき、アモルファスSi層の品質が悪いと、ヘテロ接合界面での電荷損失が発生し、発電効率が低下してしまいます。アモルファスSi層は化学気相堆積（Chemical Vapor Deposition（CVD））法によって製膜されますが、製膜条件によってアモルファスSi層の品質は左右されます。今回は、触媒化学気相堆積（Catalytic Chemical Vapor Deposition（Cat-CVD））法において、アモルファスSi層の品質を最大にするように、ベイズ最適化を用いて製膜条件の最適化を行いました。

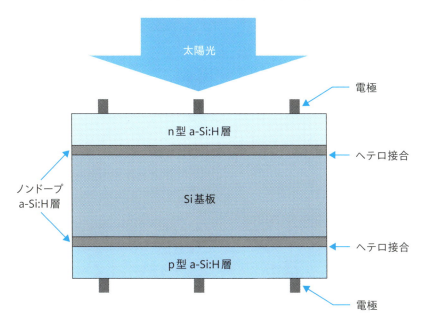

図3.6.3　Siヘテロ接合太陽電池の断面模式図

Cat-CVD法の模式図と最適化した製膜条件

図3.6.4にCat-CVD法の模式図と最適化した製膜条件を示します。Cat-CVD法では、原料ガスのSiH₄を触媒によって分解し、基板上にアモルファスSiを堆積させます。この製膜過程では、基板温度T_s、堆積圧力P_{Depo}、SiH₄流量Q_{SiH4}、H₂流量Q_{H2}、堆積時間tが、a-Si:H膜の品質に影響を与える製膜条件であり、今回の最適化パラメータです。また最適化の目的関数であるアモルファスSi膜の品質は、実効キャリアライフタイム（$τ_{eff}$）によって評価し、$τ_{eff}$の最大化がこの最適化の目的です。

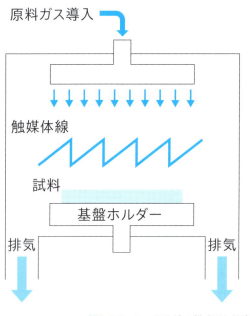

図3.6.4 Cat-CVD法の模式図と最適化した製膜条件

実施不可能な条件の排除

図3.6.5に、今回実施した制約付きベイズ最適化のフローチャートを示します。今回の最適化では、$τ_{eff}$を最大にすることだけを考慮したシンプルなベイズ最適化では最適化が進行せず、良い条件を得ることができませんでした。その理由は、実際の製膜装置では、原料ガスのSiH₄流量Q_{SiH4}とH₂流量Q_{H2}の値の組合わせによっては、装置の排気能力を上回るガスが装置内に導入され、設定した堆積圧力

に到達できない場合があったためです。すなわち、最適化パラメータの中に実施不可能な組合わせ範囲が存在しました。しかし、τ_{eff}を最大にするだけのシンプルなベイズ最適化では、どのような条件が実施不可能であるかの制約を与えていませんので、ベイズ最適化のアルゴリズムは、実施不可能な条件も次の実験条件として提示してしまいます。今回の場合は、ベイズ最適化で提示された不可能条件で実験を行うと、堆積圧力が設定値に到達できませんので、実際には設定値よりも高い堆積圧力で実験が行われます。したがって、最適化パラメータ空間内では、ベイズ最適化で提示した条件とは異なる条件の場所にデータ点が打たれることになります。すると、本来実験をする予定であった場所には実験データが追加されませんので、その条件に対するガウス過程回帰の予測の不確実性は下がらず、場合によっては、ベイズ最適化は再び、この実験不可能条件での実験を提案します。こうなると、ベイズ最適化は永遠にこの実験不可能条件を提示し続けることになってしまい、最適化が進みません。

そこで、前項にて解説した制約関数y'を用いた制約付きベイズ最適化を行いました。過去の実験からの知見や装置の仕様によって、あらかじめどのような実験条件の組合わせで実験が不可能であるかがわかっている場合は、その条件を制約関数$y' = f'(x)$として数式で表すことで、次の実験条件を探索する際の制約に用いることができます。一方、今回のベイズ最適化では、これまでに実験したことのない条件の組合わせも探索範囲に含まれていたため、どのような条件の組合わせで実験ができない（堆積圧力が設定値に到達できない）かがわかりませんでした。そこで、τ_{eff}を予測する機械学習モデル（予測モデル1）とは別に、実際の装置内の圧力である測定圧力を予測する機械学習モデル（予測モデル2）を作成し、許容幅εを考慮して、測定値 < 設定値＋εとなる条件範囲の中で、モデル1の獲得関数（UCB）が最大になる条件を求め、次の実験条件としました。

▣ 膜厚に対する制約の考慮

さらに、今回のケースでは膜厚Lに対しても、制約の考慮が必要でした。τ_{eff}はアモルファスSi層の膜厚が厚いほど高くなることがわかっており、何も制約がない場合は、ベイズ最適化は膜厚が厚くなる、すなわち堆積時間が長い条件を提案することが予想されました。しかし、実際の太陽電池応用を考えると、厚すぎる膜厚は太陽電池回路の直列抵抗の増加につながり、結果的に変換効率の低下を招きます。そこで、予測モデル1の入力パラメータとして、堆積時間tの代わりに膜厚Lを用いて機械学習モデルを作成し、最適化の際には、前項で見たxの制約として、膜厚$L = 10 \pm 0.5$nmの範囲に解の探索を絞ることにしました。膜厚10nm

は直列抵抗の影響がない、標準的な膜厚です。

　ここでもまたやはり、これまでに実験したことのない条件の組合わせも探索範囲に含まれていたため、ベイズ最適化の開始時点では製膜速度の製膜条件依存性もわからず、膜厚を 10 ± 0.5 nm にする製膜条件が不明でした。そこで予測モデル3として、膜厚を予測するモデルを作成しました。このモデルは、製膜条件が入力、膜厚が出力ですが、製膜時間 t 以外の入力パラメータは、予測モデル1を用いた τ_{eff} の獲得関数（UCB）最大化によって決定されているため、その値に固定し、製膜時間 t のみを膜厚が10nmになるように最適化して求めました。

ベイズ最適化のループ

　今回の最適化では、ランダムな製膜条件で14回実施した初期実験の結果に加えて、従来用いていた標準条件での6回の実験結果を初期データとして用いて、ベイズ最適化のループを開始しました。上で述べたように3つの機械学習モデルを作成することで、実現可能な製膜条件範囲、かつ、膜厚が10nmとなる制約のもとで、τ_{eff} を最大にする製膜条件を求めました。なお、製膜実験の結果、得られた膜厚が 10 ± 0.5 nm の範囲に入らなかった場合は、エンジニアが膜厚10nm

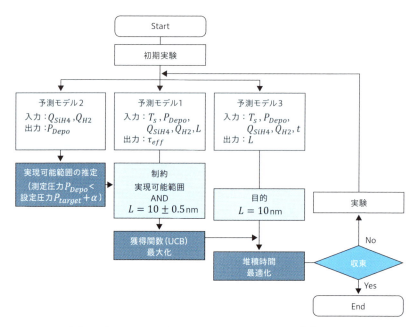

図3.6.5　実施した制約付きベイズ最適化のフローチャート。文献[2]中の図1を元に作成

となるように製膜時間を調整して、再度実験を行い、両方の結果を毎回データに追加しました。これにより、制約である膜厚10nmに近いデータ数を増やし、最適解近傍でのモデル1およびモデル3の予測精度向上を期待しました。

ベイズ最適化の進行

ベイズ最適化の進行によるτ_{eff}と膜厚の推移を図3.6.6に示します。まず、標準条件でのτ_{eff}の結果を見ると、比較的高い値が得られていますが、すべて膜厚が10nmを超えており、膜厚の制約から外れた結果でした。またランダムな製膜条件での初期値の結果を見ると、総じてτ_{eff}値が低いことがわかります。このことは、ランダムな条件探索では高いτ_{eff}を見つけることが困難であり、ベイズ最適化のような効率的な探索が必要であることを示唆しています。また膜厚もランダムな製膜条件では10nmから大きくばらついており、やはりランダムな条件では膜厚10nmの制約を満たすことが難しいことがわかります。

一方、ループ回数1以降の結果を見ると、ベイズ最適化ループが進行するにしたがって、膜厚は10nmに収束していったことがわかります。これはデータの追加とともに、モデル3の予測精度が向上し、膜厚が10nmにより近い条件が提示

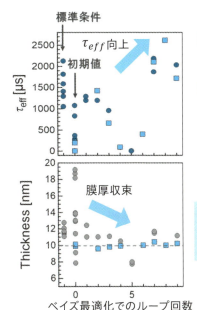

図3.6.6　ベイズ最適化文献[2]中の図2を元に作成

できていることを示唆しています。また、τ_{eff}も探索の結果、8回目のベイズ最適化ループで膜厚10nmを満たし、かつ、2600μsという高いτ_{eff}が得られました。

ポイントの整理

ここで紹介した最適化はかなり込み入った問題設定となりました。ポイントを整理しましょう。今回の最適化では、τ_{eff}の最大化に用いる機械学習モデル1とは別に、製膜条件の中で実際の装置での実現可能範囲を求めるために用いる機械学習モデル2、および、膜厚を10nmにするための製膜時間を求めるために用いる機械学習モデル3を作成しました。ここで、2.4節の機械学習モデル作成における入力パラメータの選択で見たように、モデル2の入力パラメータには、すべての製膜条件パラメータを用いたわけではなく、装置や製膜の物理を考えて、出力変数に影響する製膜条件のみを入力パラメータに用いました。またモデル1の入力パラメータに製膜時間ではなく、膜厚を用いた理由は、τ_{eff}には膜厚が製膜時間より直接的に影響するため、より少ないデータ数で関係をモデル化できるためです。また入力パラメータに膜厚を用いたことによって、膜厚10nmの制約を、膜厚予測のモデル3を用いたy'の制約ではなく、膜厚の入力パラメータxの制約によって考慮することができ、制約の取り扱いが容易になりました。

なお、このような枠組みは、実験開始前にすべてを設計できていたわけではありません。標準条件や初期条件の結果を踏まえながら、製膜や装置の専門知識を持つ研究者とベイズ最適化の知識を持つ研究者とが議論をしながら、試行錯誤を繰り返し、フローチャートを作りました。このように実際の最適化応用では、結果を見ながら足りない要素を追加したり、変更を加えたりすることは、少ない実験回数で良い条件を得るためには効果的な場合があります。

本項のまとめ

本項で紹介した事例のように、制約付きベイズ最適化においては次のことに留意してください。

- 実際の応用では、複数の機械学習モデルを作成し、制約関数や目的関数に用いることで、考慮が必要な事項を反映することができる。
- 機械学習モデル作成では、対象の系の物理や最適化のフローチャートを考慮して、入力パラメータ、出力変数を選択することが大切。

Point データは、設定値と実施値のどちらを使用するべきか？

先のCat-CVD法の製膜条件最適化においては、堆積圧力について、実際の実験で計測された測定値をベイズ最適化に用いるデータとして使用しました。実際の実験では、最適化によって提示された設定値と、実際に実験を実施した実施値（測定値）が異なるケースはよく見られます。今回の事例のように、装置側の問題で設定値とは大きく異なる実施値になってしまう場合もあれば、ベイズ最適化で提示された値に対して小数点以下を四捨五入して用いる場合のように、微妙に異なる実施値となる場合もあります。

それでは、設定値と実施値のどちらを用いればよいでしょうか。ベイズ最適化のアルゴリズムに従って最適化を進めているので、ベイズ最適化が提案した設定値をデータとして用いるのがよいでしょうか。それとも、機械学習モデルとしては実際に実験を行った値を用いた方が、より適切な回帰モデルを作成できるため、実施値をデータとして用いるのがよいでしょうか。

答えは、基本的には後者の考え方で、実施値を用いるのがよいと考えられます。設定値を用いた場合は、設定値と実施値の関係も込みで機械学習モデルを作成する必要があり、より複雑な関係のモデル化が必要になってしまいます。ただし、先の事例で見たように、設定値と異なる実施値を用いる場合は、最適化のパラメータ空間で、ベイズ最適化で提案された条件とは異なる条件にデータが追加されることになりますので、元の提案された条件の周囲では予測の不確実性は下がりません。そのため、再び同じ条件をベイズ最適化が提案する可能性があり、最悪の場合は、永遠に同じ条件を提示し続けて最適化が進行しなくなる場合があることには注意が必要です。特に、最適化ループを自動で回すような自動実験やコンピュータ内での最適化では、このような深みにはまって、気が付いたら同じ条件を取り続けていたということもありますので、注意が必要です。

---

[1] プレスリリース「機械学習を用いた太陽電池用シリコン薄膜堆積条件の新たな最適化手法を開発」, https://www.jaist.ac.jp/whatsnew/press/2024/02/19-1.html

[2] R. Ohashi, K. Kutsukake, H. T. C. Tu, K. Higashimine, and K. Ohdaira, ACS Appl. Mater. Interf., 16, 9428 (2024).

3.7 最適化の疑問

第3章「実際の最適化で直面する問題と解決へのアプローチ」の最後では、実際の応用で遭遇するいくつかの疑問について、考えてみましょう。具体的には、「いつまで最適化を続ければよいのか」という終了判定の疑問、「最適化の途中でハイパーパラメータを変えてもよいのか」という設定変更の疑問、「結果が悪いと思われる条件でも実験をする必要があるのか」という専門知識導入の疑問です。本節での解説にはいわゆるノウハウ的な事柄も含まれますが、単にこのときはこうすればよいという対処パターンを覚えるのではなく、なぜそのようにするとよいのかという本質の部分を理解することが大切です。本質を理解することで、実践において遭遇する様々な事象に対応することができるようになるでしょう。

3.7.1 いつまで最適化を続ければよいのか?

最適化において、「いつまで最適化を続ければよいのか」「いつ最適化を終了すればよいのか」といった終了判定は、非常に悩ましい問題です。実際に様々な終了判定方法が用いられていますし、また合理的な終了判定基準の開発やその基準の計算の高速化・高精度化に関する研究も活発に行われています。それではまずは、本書で取り上げた著者らが行った最適化の事例での終了判定を振り返ってみましょう。

- 3.2節 結晶成長炉内の温度センサー位置の最適化：温度センサー位置のすべての組合せを検討したため、終了判定は全組合せパターンを実施したかどうか。
- 3.4節 炭化ケイ素（SiC）結晶成長装置の装置構造の最適化：あらかじめ設定した試行回数に到達したかどうか。
- 3.5節 結晶Si太陽電池パッシベーション膜の水素プラズマ処理条件の最適化：ベイズ最適化によって提示される次の実験条件がすでに取得した良好な条件に収束したかどうか。
- 3.6節 Siヘテロ接合太陽電池用のアモルファスSi製膜条件最適化：ベイズ最適化によって提示される次の実験条件がすでに取得した良好な条件に収束したかどうか。

- 3.7節 エピタキシャルSi製膜条件最適化：実験期間（マシンタイム）が終了したかどうか（次項にて紹介します）。

　このように、本書で紹介した事例では、全パターンの実施、提示条件の収束、設定した試行回数への到達、設定した実験期間の終了、を終了判定として用いました。よく用いられる収束判定にはこの他に、設定した目標値に目的関数が到達したかどうか、目的関数の改善が収束したかどうか、設定した実施予算に到達したかどうか、などがあります。また複数の終了判定を組み合わせて、AND（両方の成立）もしくはOR（片方の成立）で判定することもできます（図3.7.1）。

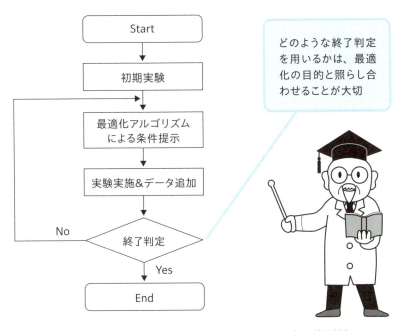

図3.7.1　最適化のフローチャート（図3.1.5の再掲）と終了判定

　このように多くの終了判定方法があり、どの方法を用いるかについて、考えるべきことは多くあります。しかし、最も優先すべき事項は明確で、最適化の目的と照らし合わせることです。例えば、最適化の目的が、「限られた実験回数内で良い条件を取得する」ことであれば、「設定した実験回数への到達」が終了判定基準の1つになりますし、目的が「設定した目的関数値を上回る条件を取得する」ことであれば、「設定した目的関数値への到達」が終了判定基準の1つになるでしょう（図3.7.2）。また原料・費用・時間などの制限から、可能な実験回数が決まっている場合もあり、これらの制限は終了判定基準の1つとなります。終了判定が

あいまいなままベイズ最適化を開始してしまうと、止めどきがわからず実験を繰り返して探索を続けてしまい、本来は不要であった実験コストを払うことにもつながります。最適化を行う際には、あらかじめ目的と照らし合わせて終了判定を定めておくことが大切です。

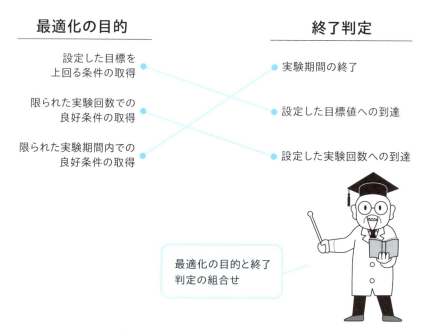

図 3.7.2　最適化の目的と終了判定の組合せ

本項のまとめ

終了判定の方法には様々な方法がありますが、最適化の目的と照らし合わせてあらかじめ定めておくことが大切です。

3.7.2　最適化の途中でハイパラを変えてもよいのか？

最適化にはたくさんのハイパーパラメータ（ハイパラ）があります。ベイズ最適化では、ガウス過程回帰のカーネルの種類やカーネルのパラメータ範囲、獲得関数の種類や獲得関数内のパラメータの値などが、設定が必要なハイパーパラメータです。遺伝的アルゴリズムでは、個体数や交叉率、突然変異率などがハイ

パーパラメータです。

　これらの最適化のハイパーパラメータは、機械学習において検証データを用いてハイパーパラメータの最適化を行ったのと同様に、最適化対象と類似した系に対する最適化結果を元により良い設定を得ることができます。例えば、類似の系に対して過去にうまくいったハイパーパラメータの設定を転用することは、妥当な選択の1つです。また類似の系を用いてハイパーパラメータをチューニングする場合は、最適化対象を模擬したテスト関数や過去のデータを元に作成した機械学習モデルなど、1回当たりの試行が非常に高速・低コストな代替モデルに対して検討を繰り返し、より良いハイパーパラメータを取得することがよく行われます。また、最適化対象の系に対する専門知識を用いて、対象の関数の複雑さや特徴を考察し、それらに応じたハイパーパラメータを設定することも有効です。

最適化の疑問：ハイパラ変更とデータ追加

　しかし、実際の最適化では、これらの方法で得られたハイパーパラメータが必ずしもうまく働くとは限りません。ハイパーパラメータが適切でない場合は、目的関数の向上が停滞したり、似たような領域ばかりを局所的に探索してしまったりし、最適化の進行が滞ってしまいます。では、このような場合には、最適化の途中でハイパーパラメータを変更してもよいのでしょうか？

　また同様の疑問として、最適化の途中で、今回の最適化で得られた一連のデータとは異なる方法で得られたデータを追加してもよいのでしょうか。例えば、ベイズ最適化は毎回のループで機械学習モデルを作成しますので、データは多ければ多い方が良いように思われますが、今回のベイズ最適化で得られた以外の過去に行った実験や別のアルゴリズム（人による決定も含む）で得られたデータも用いてもよいのでしょうか。

　これらはいずれも最適化途中での設定変更となりますが、その可否は次の2つの観点で考えるとよいでしょう（図3.7.3）。

最適化途中での設定変更可否についての2つの観点

マルコフ性
次の状態が、現在の状態のみに依存し、過去の状態には依存しない

目的との照らし合わせ
目的は、最適解を得ることか、良い設定を得ることか

図3.7.3　最適化途中での設定変更可否についての2つの観点

設定変更の可否判断：マルコフ性

　1つ目の観点は、マルコフ性です。マルコフ性とは、次の状態が現在の状態のみに依存し、過去の状態には依存しないことです。最適化での実験条件決定のマルコフ性とは、この一連の最適化において、過去にどのような順番で実験を行ってきたかには関係なく、今あるデータのみから次の実験条件を決める場合に相当します。このような場合は、過去には関係ありませんので、最適化途中での設定変更を行っても問題はありません。ベイズ最適化や遺伝的アルゴリズムでの実験条件決定は、マルコフ性がありますので、最適化途中での設定変更は問題ありません。最適化の進行は、一歩一歩順を追って計画的に最適解に進んでいるようにも見えますので、途中での設定変更はしてはいけないように感じもしますが、アルゴリズムの中身を考えるとマルコフ性が成り立ち、途中での設定変更が可能な場合が多いです。

設定変更の可否判断：目的との照らし合わせ

　2つ目の観点は、最適化の目的との照らし合わせです。今回の最適化の目的が、

今回の最適化の中でのより良い条件を取得することが目的であり、最適化の途中でハイパーパラメータの変更やデータの追加によってより良い条件が得られると考えられるならば、実施した方が良いでしょう。一方、今回の最適化の目的が、複数のハイパーパラメータの結果を比較してより良いハイパーパラメータの設定を得たい、ことの一環であるならば、当然ながら最適化途中でハイパーパラメータを変更してはいけません。途中でハイパーパラメータを変更してしまうと、比較ができなくなってしまうからです。良いハイパーパラメータの取得は、将来の最適化のために行うので、一般化すると、今回の最適化も包含した一段メタな階層での最適化と言うことができるでしょう。メタな階層での最適化の際に、単一の最適化途中で設定変更を行ってしまうと、最適化の結果同士の比較ができなくなってしまうため、途中での設定変更はしてはいけません。

「エピタキシャルSi製膜条件最適化」の事例1

さて、途中でハイパーパラメータを変えてもよいということは、複数の異なるハイパーパラメータを持つ最適化アルゴリズムを切り替えて使うこともできることを意味します。ここでは、著者らが実施した複数の最適化戦略を組み合わせた「エピタキシャルSi製膜条件最適化」[1,2]の事例を紹介します。

Siは今日の情報化社会を支えるエレクトロニクス用の主要な半導体材料ですが、デバイス用途に応じて、所望の特性を持つエピタキシャルSi膜をSi基板上に製膜します。化学気相堆積（Chemical Vapor Deposition（CVD））法によるエピタキシャルSiの製膜では、製膜条件によって膜の品質や生産性が大きく変わります。そこで、ベイズ最適化を用いて製膜条件の最適化を行いました。

今回の最適化では、温度、原料ガス流量、Si基板位置など計12個の製膜条件パラメータを最適化しました。目的関数は、製膜速度とし、製膜速度が最大となる条件を、ベイズ最適化を用いて探索しました。加えて、エピタキシャルSiの5つの膜品質（膜厚均一性、抵抗率均一性、小サイズ欠陥密度、大サイズ欠陥密度、スリップ長さ）を制約として用いました。いずれの膜品質に対しても基準値を設け、基準値を満たした中で探索が行われるように、獲得関数および獲得関数の探索範囲を設計しました。

ベイズ最適化1サイクルに要する時間の考慮

この実践的な最適化における課題は、「いかに多くの実験を行うか」でした。通常のベイズ最適化では、「いかに実験回数を少なくできるか」が課題となります

が、今回のエピタキシャルSi製膜条件の最適化では、実験回数ではなく、実験期間（マシンタイム）が上限として与えられていたため、限られた実験期間内で、なるべく多くの実験を行い、より条件探索を進めた方が、最終的に良い条件が得られるであろうと考えました。

そこでまず、ベイズ最適化1サイクルに要する時間を分析しました。図3.7.4左は、今回の最適化における1サイクルのリードタイム割合を模式的にしたものです。1サイクルの中では、まず製膜実験を行い、得られたエピタキシャルSi膜に対して、製膜速度、膜厚均一性、抵抗率均一性、小サイズ欠陥密度、大サイズ欠陥密度、スリップ長さと順番に品質評価を行います。評価の順序は入れ替えることができますが、評価を同時に行うことはできないため、1つ1つ順番に評価が必要です。最後に、得られた評価結果をデータに追加し、ベイズ最適化の計算を実行し、次の実験条件を決めます。

リードタイムの割合を見ると、今回の最適化では、エピタキシャルSi膜の評価に多くの時間を要することがわかります。そこで、1サイクルの時間を短縮するために、評価を行う品質項目を絞って最適化を行うことを考えました。図3.7.4右は、製膜速度および品質項目について、評価に要する時間と重要度をまとめた表です。重要度は、初期データの分析から基準値をどれだけ満たしにくいかを求

1サイクルのリードタイム割合

図3.7.4　1サイクルのリードタイム割合と目的・制約関数の評価コストと重要度

め、より満たすことが難しい項目を重要度が高いとしました。分析の結果、5つの品質項目のうち、膜厚均一性とスリップ長さが基準値を満たすことが難しく、重要度が高いとわかりました。さらにこの2つの項目のうち、膜厚均一性の方が、評価時間が短いため、品質項目として膜厚均一性のみを制約として考慮した最適化を設定しました。

複数の戦略を組み合わせたベイズ最適化

図3.7.5に、今回の最適化のフローチャートを示します。この最適化では3種類の戦略を状況に応じて使い分けて最適化を進めました。手順1は、上で説明した、評価時間が短く、重要度が高い膜厚均一性のみを品質の制約として用いた、製膜速度を最大にするベイズ最適化による実験条件提案です。手順2は、すべての品質項目を制約として用いた、製膜速度を最大にするベイズ最適化による実験条件提案です。なお、手順1のルートを選択した場合も、ベイズ最適化の計算や次の製膜実験を行っている間に、膜厚均一性以外の品質評価を進めるため、時間遅れですべての品質評価結果は出そろいます。したがって、手順2を実行する際は、すべてのデータに対して、すべての品質評価結果が揃っているものを使用しました。手順3と最適化の結果については次項で詳しく議論します。

このように、1つの品質のみを制約に用いた制約付きベイズ最適化とすべての品質を制約に用いた制約付きベイズ最適化を組み合わせることで、1サイクルに要する時間を短縮して、限られた実験期間内での実験回数を増やしながら、かつ、すべての品質基準を満たした解の探索を進めることができました。この事例のように、最適化の途中で設定を変更する（複数の最適化戦略を組み合わせる）ことは、実際の応用で遭遇する複雑な最適化の目的・制約に対して、有効な場合があります。最適化の目的を見ながら、柔軟に最適化フローを設計することが大切です。

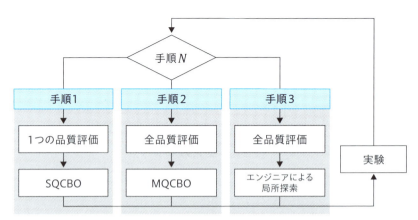

適応的な制約付きベイズ最適化のフローチャート
SQCBO (MQCBO): Single (Multi) Quality Constraint Bayesian Optimization

手順1：1つの品質を用いた制約付きベイズ最適化
手順2：すべての品質を用いた制約付きベイズ最適化
手順3：ベイズ最適化の結果に基づいたエンジニアによる条件提示

図3.7.5　適応的な制約付きベイズ最適化のフローチャート。文献[1]中の図を元に作成

本項のまとめ

最適化途中での設定変更について、次の点を留意してください。
- 最適化の途中で設定を変更することの可否は、マルコフ性と目的との照らし合わせの観点から考えるとよい。
- 設定変更が可能な場合は、複数の最適化戦略の組合せなど最適化フローを柔軟に設計することは、目的達成に有効。

3.7.3　Human in the loop：結果が悪いと思われる条件でも実験する必要があるのか？

　最適化アルゴリズムの大きな恩恵の1つは、自動で実験条件を決めてくれることです。人間が頭を悩ませたり、議論したりして、実験条件を決めなくとも、コンピュータがアルゴリズムにしたがって自動で素早く条件を決めてくれます。このことによって、省人化、脱属人化、意思決定の高速化などの恩恵が得られることに加えて、自動で最適化ループを回して最適解を得ることができます。ベイズ

最適化の有名なレビュー論文[3]のタイトルが、Taking the Human Out of the Loopと名付けられているように、最適化アルゴリズムは、最適化ループにおける人間の介入をなくせることが大きなメリットです。

　一方で、最適化アルゴリズムによって提示された実験条件を、対象の系に対する専門知識を持つエンジニアが見ると、「こっちの条件の方が良さそうなのになあ……」や「なぜこのような結果が悪そうな条件でわざわざ実験するのか」と思い、「自分だったらこうするのに」と最適化アルゴリズムに代わって、自分で次の実験条件を定めたくなることもあるのではないでしょうか。このように、エンジニアの専門知識を使うことが有効であると考えられる場合に、エンジニアの専門知識を最適化ループに反映させるにはどのような方法があるでしょうか。

専門知識を最適化ループに反映させる方法

　専門知識を最適化ループに反映させる方法の1つは、最適化ループに専門家の判断を入れること（Human in the Loop）です。最適化アルゴリズムの恩恵の1つが最適化ループにおける人間の介入をなくすことであったはずが、逆に人間を最適化ループに入れることは矛盾しているように感じるかもしれません。ここは、本書で一貫して述べているように、目的と照らし合わせて考えてみましょう。今、最適化アルゴリズム導入の目的が、省人化などの自動化の恩恵によるものであるならば、Human in the Loopは目的とは一致しませんので、しない方がよいです。一方、最適化アルゴリズム導入の目的が、より少ない実験回数で良い条件を得たいことにあり、かつ、専門家の判断を最適化ループに入れることで、最適化の進行に効果があると考えられるならば、入れた方がよいです。状況に応じて柔軟に考えることが大切です。

「エピタキシャルSi製膜条件最適化」の事例2

　それでは、最適化ループに専門家の判断を入れる事例として、前項で紹介した著者らが行った「エピタキシャルSi製膜条件最適化」[1,2]を再び見てみましょう（図3.7.6）。実は、図3.7.5のフローチャートにおける手順3は、エンジニアが決めた次の実験条件を実施するルートでした。エンジニアは、エピタキシャルSi製膜についての知識や経験を有しており、得られた実験結果を見て、この結果をより良くするためにはどの製膜条件をどの方向に動かせばよいかについての知見を持ちます。しかし、今回の最適化のように、12個もの製膜条件パラメータの影響をエンジニアは同時に考えることはできません。人が認知できるパラメータ空

間は、3次元までです。一方、最適化アルゴリズムは、アルゴリズムによって対応可能なパラメータ空間次元の高さは異なりますが、いずれも人よりも高次元を認識することができます。

そこでこの事例では、最適化の序盤では、ベイズ最適化によって高次元のパラメータ空間での大域的な最適化を行い、広範囲で有望な条件を探しました。次に、得られた有望な条件とその結果をエンジニアが確認し、その有望条件から少数のパラメータをエンジニアが調整することで、より良い条件を得ました。さらにこのエンジニアが見つけた良い条件と実験結果をデータに加えて、ベイズ最適化を行うことで、ベイズ最適化もより良い条件を提示することができるようになります。なお、ベイズ最適化による条件提示とエンジニアによる条件提示との切り替えも、そのときの最適化状況に応じて、エンジニアが決定しました。このように、最適化ループにおいてベイズ最適化による実験条件提示とエンジニアによる条件の調整を組み合わせることで、表3.7.1に示すように、すべての品質項目の基準を満たし、かつ、製膜速度を1.83倍にする製膜条件を得ることができました。

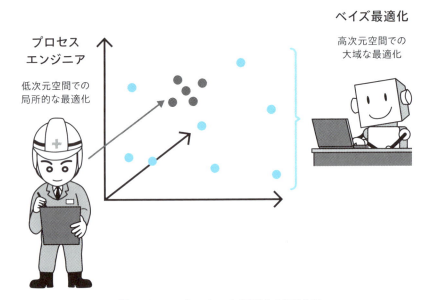

図3.7.6　エンジニアとベイズ最適化の役割分担

表3.7.1　エピタキシャルSi製膜条件最適化の結果。製膜速度は従来条件比。
品質項目の基準は1.0以下

製膜速度	膜厚均一性	抵抗率均一性	小サイズ欠陥	大サイズ欠陥	スリップ長さ
1.83	0.82	0.22	0.2	0.11	0

人とAIの役割分担

ここで紹介した事例では、大きくは、初めにAIの大域的な最適化を行い、次にエンジニアの局所的な最適化を行うという役割分担でしたが、文献[4]では、まず初めにエンジニアの持つ専門知識によって粗く探索を行い、次に得られたデータを元にベイズ最適化によってファインチューニングを行うという逆の組合せも報告されています。このように、最適化において、専門家と最適化アルゴリズムがそれぞれの得意分野を活かすことで、より少ない実験回数でより良い条件を得ることができます。

さらに、ここまでは最適化アルゴリズムの最適化のループの中に人が入るというHuman in the Loopの考えでしたが、発想を逆転して、AI in the Human Loopという考え方もできます（図3.7.7）。人が次の実験条件を決めるために行っている議論のテーブルに、最適化アルゴリズムによる提案を載せることで、人とは異なる発想の考えを取り入れることができます。このように、人とAIとの協奏の仕方には様々な形があります。今後、AIの応用先は、より多様な分野のより複雑な対象に拡大していくと考えられます。そのような状況においては、既存の形にとらわれず、柔軟な発想での枠組み構築がますます重要になるでしょう。

図3.7.7　AI in the Human Loop

本項のまとめ

人とAIとの役割分担について、次の点に留意してください。
- 最適化アルゴリズムと専門家による条件提案を組み合わせることで、より少ない実験回数でより良い条件を得ることができる。
- 既存の形にとらわれない、柔軟な発想での枠組み構築がますます重要に。

[1] K. Osada, K. Kutsukake, J. Yamamoto, S. Yamashita, T. Kodera, Y. Nagai, T. Horikawa, K. Matsui, I. Takeuchi, and T. Ujihara, "Adaptive Bayesian optimization for epitaxial growth of Si thin films under various constraints", Mater. Today Commun. 25, 101538 (2020).

[2] 沓掛 健太朗, 長田 圭一, 松井 孝太, 山本 純 著, "エンジニアの知識と機械学習の融合 - シリコンエピタキシャル成長プロセスへのベイズ最適化応用 -", 応用物理 89, 711 (2020).

[3] B. Shahriari, K. Swersky, Z. Wang, R.P. Adams, and N. de Freitas, "Taking the Human Out of the Loop: A Review of Bayesian Optimization", Proc. IEEE 104, 148 (2016).

[4] K. J. Kanarik, W. T. Osowiecki, Y. Lu, D. Talukder, N. Roschewsky, S. N. Park, M. Kamon, D. M. Fried, and R. A. Gottscho, "Human–machine collaboration for improving semiconductor process development", Nature 616, 707 (2023).

3.8 | 第3章のまとめ

第3章では、最適化の開発現場で起こる問題と解決へのアプローチを学んで
きました。最後に、これまでの内容をまとめてみましょう。

　これで、最適化についての第3章は終わりです。ここまでお疲れさまでした。
最後に、第3章を振り返りましょう。図3.8.1 に、第3章の構成図を再掲します。
まず初めに、最適化の枠組みを決める段階での問題として、最適化の概要を確認
し、様々な最適化手法の特徴を概観しながら、手法の選択を考えました。機械学
習の枠組み構築の場合と同様に、関数の複雑さ、パラメータの次元数、必要な試
行回数を考えることが大切でした。また最適化におけるリアル試行と仮想試行の
違いと、それらの組合せについても考察しました。

　次に、最適化の目的関数を設計する際に生じる問題について、多目的最適化、
目的関数設計、そして解の選択について学びました。多目的最適化においては、
目的関数の数による次元の呪いを考え、多目的最適化の次元を減らすこととパ
レート解からの実施解の選択を考察しました。また、目的関数を設計する重要性
を議論しました。

　最適化を実施する際に生じる問題については、ベイズ最適化と制約付き最適化
を取り上げ、具体的な事例を見ながら、複雑な問題への対処を学びました。ここ
では、対象の系の物理や特徴を踏まえながら、いかに最適化の問題やフローに落
とし込むかがポイントでした。

　最後に、最適化を使いこなすために、実際の応用で生じる疑問について考えま
した。最適化の終了判定、最適化途中での設定変更、最適化への専門知識導入の
それぞれについて、具体的な事例を見ながら解決策を検討しました。ここでは、
最適化の目的と照らし合わせながら、最適化フローの設計や方法の選択を行うこ
とが大切でした。

　第2章の機械学習と同じく、本章においても一貫して学んでほしいことは、"常
に目的と照らし合わせることが大切"ということです。どのような課題を解決す
るために最適化を行うのか、何をするために最適化アルゴリズムを導入するのか、
を頭に入れて、目的に対して意味のある最適化フローを構築しましょう。

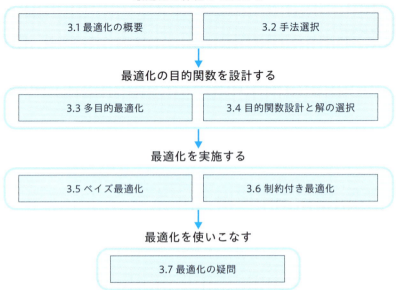

図3.8.1　第3章の構成（図3.0.1の再掲）

あとがき

　本書を最後まで読んでいただきありがとうございます。本書は2020年頃から構想して、ようやく形になりましたが、この間に、世の中では大きな変革がありました。大規模言語モデルの登場です。近い将来、本書で書いた作業やテクニックは大規模言語モデルによって代替されることでしょう。では、本書の価値はなくなるのかというと、大規模言語モデルの登場で本書の価値は逆に上がると著者は考えます。なぜならば、周辺技術も含めて機械学習や最適化がブラックボックス化すればするほど、その結果を正しく判断できることの重要性が増すからです。予測精度が高い、最適値が良いといった数字を見るだけでなく、機械学習や最適化を用いて解決したい課題に対する効果を正しく評価できる目が必要です。そのためには、機械学習・最適化応用の表面的なテクニックではなく、本質への理解が必要です。本書によって、読者が機械学習と最適化の応用をより深く理解することにつながれば幸いです。

　本書を執筆するにあたっては、多くの方にお世話になりました。ここに感謝を申し上げます。友人でもあり機械学習勉強会の仲間でもある産業技術総合研究所の小島拓人博士には、本書の構想段階から構成・内容についての議論をいただき、また原稿の査読をしていただきました。名古屋大学の工藤博章先生には、機械学習の理論的な議論をいただき、また原稿の査読をしていただきました。大学時代の研究室の先輩でもあるSAI-Lab株式会社の我妻幸長氏には、本書を書くきっかけを与えていただきました。翔泳社の宮腰隆之氏には、筆の遅い私に根気よくお付き合いをいただき、本書の完成に向けて多大なご尽力をいただきました。

　また本書は、著者が行った機械学習・最適化応用の共同研究で学んだことが元になっています。お名前を挙げた方以外にも大変多くの方のお世話になっていますが、本書で紹介した論文の共著者のみお名前を挙げさせていただきます。意味のある入力パラメータ：名古屋大学の宇佐美徳隆先生、松本哲也先生、加藤光氏、上別府颯一郎氏、原京花氏、グローバルウェーハズ・ジャパン株式会社の永井勇太博士、堀川智之氏、番場博則氏。組合せ最適化：名古屋大学のBoucetta Abderahmane博士。多目的最適化：名古屋大学の宇治原徹先生、田川美穂先生、原田俊太先生、朱燦先生、郁万成博士、党一帆博士、角岡洋介。ベイズ最適化：名古屋大学の竹内一郎先生、松井孝太先生、宮川晋輔氏、グローバルウェーハズ・ジャパン株式会社の山本純氏、山下茂男氏、小寺崇氏、北陸先端科学技術大学院大学の大平圭介先生、Tu Thi Cam先生、大橋亮太氏、新潟大学の後藤和泰先生、アイクリスタル株式会社の長田圭一氏。また私を機械学習へ導いてくださった名古屋大学の菊地亮太先生、機械学習勉強会

仲間の東北大学の丹野航太氏、中野倖太氏、丸山伸伍先生、三菱マテリアル株式会社の幾見基希氏、産業技術総合研究所の神岡武文博士、九州工業大学の野田祐輔先生、アイクリスタル株式会社の髙石将輝氏、関翔太氏に改めて感謝申し上げます。

　最後に、いつも私を支えてくれる妻と二人の娘に感謝します。ありがとうございました。

2025 年 3 月吉日
沓掛健太朗

索引

A/B/C

Adam	159
Adaptive Moment Estimation	159
AI	010
AI in the Human Loop	225
AIエンジニア	016, 058
AI応用初学者	016
AI設計	014
AI専門知識	016
AI導入	011
AIプロジェクトマネージャー	059
AIプロジェクトリーダー	016, 018
Artificial Intelligence	011
Catalytic Chemical Vapor Deposition	207
Cat-CVD	207
ChatGPT	011
Chemical Vapor Deposition	219
CMA-ES	160
CVD	219

D/E/F

EBSD	077
EI	197
Electron Backscattered Diffraction Pattern	077
Expected Improvement	197
explainable AI	058

G/H/I

HAI	019
Human in the loop	222
Human-centered AI Institute	019

J/K/L

LCB	197
log	112
log変換	047, 112, 114
Lower Confidence Bound	197

索
引

M/N/O

MAE	090, 136
Mean Absolute Error	090
MSE	055, 122, 133, 135
NSGA-Ⅱ	160

P/Q/R

Partial Dependence Plot	036
PI	197
Probability of Improvement	197
QSSPC法	200
R2	122, 125
RMSE	125, 128, 133, 135

S/T/U

Scanning Electron Microscope	077
SEM	077
SiC結晶成長シミュレーション	185
UCB	197, 200
Upper Confidence Bound	197

V/W/X/Y/Z

Var	122
XAI	058

あ

アジョイント法	159
圧力	103
蟻コロニー最適化	160
アルゴリズム	040, 160
アレニウスの式	049, 050, 054
囲碁	012
遺伝的アルゴリズム	149, 160, 163, 174
因果関係	023, 024, 026, 031
因果関係あり	029
因果のない相関関係	029
エピタキシャルSi製膜条件最適化	219, 223
オイラー角	082
重み	054, 117
温度	103
温度センサー	101
温度センサー位置	171

か

カーネル	096
カーネル関数	052
カーボンヒータ	085
カーボン坩堝	085
回帰	033, 035, 061
回帰曲線	115, 131, 133
回帰結果	096, 098, 101
回帰平面	104
回帰平面の傾き	105
解析	014
外挿	138, 139
外挿性	053
外挿領域	138, 141
開発現場	047
会話	011
ガウス過程回帰	052, 096, 196, 202
化学気相堆積法	219
過学習	072
核形成	080
学習パラメータ	054, 055, 074, 118, 159
学習パラメータ数	073
獲得関数	200
確率	197
確率的勾配降下法	158

確率分布	093, 136
隠れユニット	186
仮想試行	164, 165
仮想データ	092, 093
活性化エネルギー	049
活用	199
可否判断	218
カラー化	077
関数	023
関数設定	027
関数のパラメータ	024
機械学習	013, 016, 032, 034, 044, 045, 056, 057, 061
機械学習アーキテクチャ	117
機械学習試行	165, 166, 168
機械学習手法	048, 057, 143
機械学習モデル	035, 126
菊池線パターン	077
基板温度	208
逆極点図	078
逆問題	147
強化学習	060, 061
教師あり学習	061
教師データ	047, 138
教師なし学習	060, 061
行列	023

233

局所的最適解	154	勾配法	149, 158, 163
曲線	034	誤差逆伝播法	159
近似関数	035	固定パラメータ	086, 087
勤務スケジューリング問題	155	コンバータ	084
区分線形近似	096	コンピューティング	013
組合せ最適化	155, 156, 157		
組合せ最適化問題	157		
組合せ試行	165, 168	**さ**	
クラスター	188		
クラスタリング	061, 184, 187	最急降下法	158
クラス分類	060, 061	サイクル	220
グリッド	067, 068	最高変換効率	141
訓練	117	最小化	041
訓練データ	117, 118, 120, 121	最小化問題	039, 044, 147
係数	105	最小・最大化	041
計測時間	100	最小二乗法	055
結晶インゴット	169	最大最小正規化	102, 105
結晶成長	011	最適化	
結晶成長速度	186		013, 014, 032, 033, 035, 039,
結晶評価	011		044, 045, 145, 146, 153, 157
結晶方位	078	最適解	040
結晶粒形状	080, 081	最適化アルゴリズム	032, 041, 149
ゲッタリング能力	084	最適化手法	155
検証	117	最適化の疑問	214
検証データ	117, 118, 121	最適化の問題	032
交叉	161	最適化問題	016
勾配	149	最適化ループ	223

最尤推定	136, 137	準ニュートン法	158
座標数	186	順問題	169
サポートベクターマシ	052	将棋	012
サロゲート最適化	043, 044, 054	常用対数	112
サロゲートモデル	036	初期実験データ	150
次元削減	061	触媒化学気相堆積法	207
次元の呪い	151	シリコンウェハ	084
試行回数	158	シリコン単結晶インゴット	084
試行の最適化	167	進化戦略	160
システム技術	013	人工知能	011
自然対数	112	深層学習	072, 073, 074, 154
実験	014, 068	人物認識AI	012
実験可能範囲	205	水準数	067
実験計画法	161, 162, 163	水素プラズマ処理条件	201
実験条件	150	スクリーニング	100
実験リソース	192	スケール変換	104
実効キャリアライフタイム	200	正規化	
実施値	213		047, 102, 106, 108, 110, 111
実装力	016	制御	027
シミュレーション	013, 068, 100	制御パラメータ	086, 087
シミュレーション試行		生成物量	065
	164, 165, 167, 168	正則化	074
尺度	103	成膜条件	035
柔軟性	053	製膜条件	208
終了判定	216	制約関数	205, 206
出力変数	024, 114	制約付き最適化	145, 204
巡回セールスマン問題	156	制約付きベイズ最適化	207

制約範囲	204	代表解	188
セグメンテーション	078	太陽電池	141
絶対値	039	太陽電池変換効率データ	141
設定値	213	高さ位置	186
セッティング	089	多項式	054
説明可能AI	058	多項式回帰	050
説明変数	054	多変量線形モデル	103, 107
線形回帰	032	多目的最適化	172, 174, 177, 184
線形回帰モデル	130	多目的最適化問題	160
全結合ニューラルネットワーク	186	多目的の次元の呪い	177
センサー	169	探索	152, 199
センサー数	070	探索空間	153
相関関係	024, 031	炭素濃度	186
走査型電子顕微鏡	077	単目的最適化	183
装置構造	186	逐次最適化	190, 192, 193, 194
測定	077	直接最適化	043
測定試料	119, 120, 121	チョクラルスキー法	084
損失関数	115, 129, 131, 132, 135	強いAI	011
		データ	
		033, 035, 044, 045, 047, 089	

た

大域的最適解	154	データサイエンティスト	016, 058
大規模モデル	075	データ収集	013, 014
堆積圧力	208	データ集約	110
堆積時間	208, 211	データ取得	043
代替試行	037	データ数	066, 070, 089, 122
		データセット	032, 094, 126
		データ点	108

データの多さ	070, 071
データの偏り	079
データ分割	047, 117, 118
データペア	061
データベース技術	013
データベクトル	061
データ前処理	089, 102
データ密度	096, 112
データリーク	117
データ量	143
テストデータ	090, 091, 117, 118, 121, 122
デバイス特性	036
電子線回折	077
電子線後方散乱法	077
テンソル	023
統計解析	056, 057, 093
特性値	120
突然変異	161
飛びぬけたデータ	100
ドメイン知識	016, 063, 061
トレードオフ	172

な

内挿	138, 139

ナップサック	155
ニュートン法	158
ニューラルネットワーク	032, 096, 117, 154
入力	054
入力パラメータ	054, 081, 084, 086, 112
入力パラメータ空間	097
入力パラメータ数	066, 067, 069, 070, 071, 076
ノイズ	063, 089, 091, 097, 135, 136
ノンパラメトリック回帰	052, 055
ノンパラメトリックモデル	048

は

バイアス	117
ハイパーパラメータ	041, 074, 078, 103, 105, 117, 216
ハイパーパラメータ調整	117
外れ値	089, 093, 096, 130
外れ値除去	047
外れ値データ	097
外れ値の判定	098

パッシベーション膜	200
パラダイムシフト	010
パラメータ	023, 047, 089
パラメータ数	143
パラメータ空間	152
パラメータの影響解析	037
パラメトリック回帰	052, 055
パラメトリックモデル	048, 142
パリティプロット	086, 098, 123
パレート解	
	018, 172, 173, 174, 177, 184
パレートフロント	
	018, 160, 172, 173, 174, 176, 177
半径位置	186
反射光強度プロファイル	081
反応	065
光強度プロファイル	082
非線形モデル	044, 045
非負	115
評価関数	129, 131, 134
標準化	102
標準正規化	106, 107
標準偏差	102
フィッティング	049, 052, 090
フィッティングパラメータ	
	049, 054, 055
物質探索	157

負の相関	027
プログラミングスキル	016
プログラミングスキル習得	018
プログラムコーディング	011
プロセスエンジニア	224
プロセス条件パラメータ	186
プロット図	112
分散	122
分類	034
平均絶対誤差	090, 125, 136
平均二乗誤差	055, 122
ベイズ最適化	
	043, 145, 149, 159, 163,
	190, 197, 198, 199, 200,
	201, 209, 211, 221
ベクトル	023, 102
変換効率	140
変数	023
変数変換	083
方位解析	077
ボルツマン定数	049
ホワイトボックス手法	037
翻訳	011

ま

膜厚	209
膜品質	036
マルコフ性	218
マンハッタン距離	178, 179, 180, 181
未知予測	037
目的関数	033, 040, 145, 148, 169, 177, 180, 182
目的関数設計	148, 178, 179, 182
目標性能	075
モデル	047, 089, 118
モデルサイズ	075
モデルの大規模化競争	072
モデルパラメータ	054, 094, 136
モデル評価	047
モニタパラメータ	085, 086
問題解答力	016
問題設定	195

や

ユークリッド距離	178, 179
要約	011
四元数	083
予測	077, 122

予測誤差	072, 093, 124, 140
予測精度評価	128
予測値	055, 138
予測モデル	209
弱い AI	012

ら

ラテン超方格法	068, 161
ラプラス分布	136
ランダム	079, 103
ランダムサンプリング	161
ランダムフォレスト	032, 052
リアル試行	164, 165, 168
リードタイム	220
リッチなモデル	072
粒子群最適化	160
ループ	210
坩堝溶解速度	186
連続最適化	155, 156, 157
連続最適化問題	157
連続値最適化問題	160
ローカルミニマム	154
ロボティクス	013

239

● 著者プロフィール

沓掛 健太朗（くつかけ・けんたろう）

名古屋大学未来材料・システム研究所准教授。応用物理学会インフォマ
ティクス応用研究会代表。アイクリスタル株式会社技術顧問。一般社団
法人製造業AI普及協会理事。

東北大学金属材料研究所助教、名古屋大学未来社会創造機構特任講師、
理化学研究所革新知能統合研究センター研究員などを経て2024年より
現職。専門は結晶工学と応用情報科学。趣味はマラソンと日本城めぐり。

装丁・本文デザイン	大下 賢一郎
装丁イラスト	iStock.com/Mack15
DTP	株式会社シンクス
校正協力	佐藤 弘文

AI開発力を鍛える！

機械学習と最適化による問題解決講座

2025年4月21日　初版第1刷発行

著　者	沓掛 健太朗（くつかけ・けんたろう）
発行人	臼井 かおる
発行所	株式会社翔泳社（https://www.shoeisha.co.jp）
印刷・製本	株式会社ワコー

©2025 Kentaro Kutsukake

本書は著作権法上の保護を受けています。本書の一部または全部について（ソフトウェアおよびプログラムを含
む）、株式会社翔泳社から文書による許諾を得ずに、いかなる方法においても無断で複写、複製することは禁じ
られています。
本書へのお問い合わせについては、002ページに記載の内容をお読みください。
造本には細心の注意を払っておりますが、万一、乱丁（ページの順序違い）や落丁（ページの抜け）がござい
ましたら、お取り替えいたします。03-5362-3705までご連絡ください。

ISBN978-4-7981-8565-1
Printed in Japan